生物工程单元操作实验

（第三版）

胡洪波　王　威　张雪洪　主编

内容提要

《生物工程单元操作实验(第三版)》是根据生物工程学科的发展和要求,依据生物工程生产过程中常用的单元操作,并注重对学生的实验能力和综合素质的培养而编写的。本书可与《生物工程单元操作原理》一书配套使用。本书首先介绍了实验数据处理方法、实验误差分析及生物工程单元操作所需的基本测量技术等,然后介绍了单元操作基本实验、综合性实验和开放性实验等22个实验。

本书是生物工程、生物技术专业的本科实验教材,也可作为高职高专层次的选用教材或参考书,对从事生物、化工、环境、食品、制药等领域的科研人员及技术人员亦有一定的参考价值。

图书在版编目(CIP)数据

生物工程单元操作实验/ 胡洪波,王威,张雪洪主编. —3版. —上海:上海交通大学出版社,2020
ISBN 978-7-313-23105-5

Ⅰ. ①生… Ⅱ. ①胡… ②王… ③张… Ⅲ. ①生物工程—实验—教材 Ⅳ. ①Q81-33

中国版本图书馆CIP数据核字(2020)第047440号

生物工程单元操作实验(第三版)
SHENGWU GONGCHENG DANYUAN CAOZUO SHIYAN (DI-SAN BAN)

主　　编:胡洪波　王　威　张雪洪
出版发行:上海交通大学出版社　　地　　址:上海市番禺路951号
邮政编码:200030　　电　　话:021-64071208
印　　制:江苏凤凰数码印务有限公司　　经　　销:全国新华书店
开　　本:787 mm×1092 mm　1/16　　印　　张:8.5
字　　数:209千字
版　　次:2004年3月第1版　2020年5月第3版　　印　　次:2020年5月第4次印刷
书　　号:ISBN 978-7-313-23105-5
定　　价:39.00元

前　　言

21 世纪初，国际生物工程学科蓬勃发展并日益呈现特色，生物工程产业化迅速崛起，生物工程成为我国和国际上发达国家优先发展的高科技领域之一，亟须培养一大批具有较强工程实践能力与应用能力的生物工程研发和产业化人才。面向当时新设立的生物工程、生物技术本科专业的教学需要，2003 年我们在国内首先编写出版了《生物工程单元操作实验》，有别于传统的面向化学工程、轻工专业的《化工原理实验》，使其更贴近于实际生物工程中的单元操作，获得了许多同行的认同。

生物工程专业与生物技术的产业化密切相关，其下游技术从菌种培养和发酵开始，其产物的分离纯化和生化分离工程等一系列内容都和化工原理中的单元操作及其原理是一脉相承的。因此，生物工程单元操作脱胎于化工单元操作，其基本的传递过程原理是一致的，如基本的传热、传质的操作原理。但是随着生物工程的发展，他们的区别越来越大，因为生物工程中的最大操作特点是所处理的物质有生物活性，易分解，要求物质在处理时尽量保持其生物活性不损失，特别不能在高温进行也不能有影响活性的溶剂存在，因此将生物工程单元操作从化学工程中分离出来，形成自己的特色是必然的。

教材经过 10 年使用，根据生物工程实际生产工艺的发展和教学积累，我们对生物工程单元操作的综合性实验和开放性实验做了大胆的探索与革新，于 2013 年出版了修订版，以进一步加强课程的生物工程特色。

目前生物工程学科定位清晰、学科内涵与人才培养目标明确，已经形成了一套特色鲜明、相对完善的科学理论和工程实践体系，于 2011 年被国务院学位委员会批准为新的一级学科，2017 年开始审批设立独立的生物工程学科学位点，将生物工程的本科、硕士、博士、专业学位等培养系统化。笔者所在的上海交通大学获批我国第一批生物工程学科博士学位授予权。对于生物工程本科教学，随着工程专业认证日益得到重视，面向产出的人才培养理念得到认可，培养过程中工程理念及解决复杂生物工程问题的能力培养观念得以进一步深入，而为本专业学生打下工程基础的最为重要的专业课程之一就是生物工程单元操作，因此笔者持续关注本课程的教学内容与教学方法改革。

生物工程单元操作的实验教学对于培养学生分析和解决有关单元操作的各种问题及综合问题的能力非常重要。在生物工程单元操作实验教学中，生物专业的学生可以接触到和生产设备较接近的工程实验装置，从而形成初步的“工程”概念，得到工程知识的熏陶，使其不仅能在实验室工作，还具有“能够走出实验室”的工作能力。

按照生物工程专业的教学要求，我们尝试将生物工程单元操作的教学重心从原来教学中偏重于化学工程单元操作向着重于课程基础和生物工程学科特色转变，加强基本概念、基本原理、基本技能的教育，并和生物工程有机结合。本课程应用性强，有助于提高学生理论联系实际的能力和动手操作能力，从理性和感性上赋予生物专业的学生以工程的概念。本课程通过加强学生实践环节的教育,旨在培养有独立工作能力、有创造能力的学生。

本课程内容除生物工程教学大纲要求的基础实验外,还包括了与生物工程专业密切相关的单元操作装置和实验,主要是传质方面的单元操作,如喷雾干燥器、薄膜浓缩器、高速离心分离机、结晶实验、超滤实验、层析实验等,而且各实验装置由原来的小型模拟设备转向中试型生产研究设备。本课程也为学生自主设计实验留出空间,学生可以通过对不同单元操作的组合,自己设计有实用意义的实验,如将灵芝发酵液经离心、浓缩、干燥制备灵芝干粉;将精馏和萃取相结合进行发酵产物的初步分离。各高校可以根据自己的实验设备、教学课时、教学要求等选择相关教学内容。

希望通过本课程的学习,学生能够达到以下教学要求:

(1) 使学生了解生物工程单元操作的基本设备、基本概念和基本原理,加强对工程的理解;

(2) 掌握生物工程单元操作的基本方法,能够熟练应用于生物工程实际过程;

(3) 加强学生对生物工程设备的综合运用能力和生物工艺的基本研究能力,加深对复杂生物工程问题的理解。

本教材由上海交通大学生命科学技术学院生物工程系的胡洪波、王威、张雪洪共同编写。书中引用了大量公开文献,在此向原作者特别是本书首版作者唐涌濂教授表示衷心的感谢。由于编者的水平有限,而且现有的单元操作实验设备受到一定的限制,同时生物工程单元操作教学仍处于改革时期,本教材定有不足之处,敬请广大读者批评指正。

目　　录

第1章　实验的组织与实施

生物工程单元操作实验是初步了解、学习和掌握生物工程实验研究方法的一个重要实践性环节。单元操作实验不同于一般基础实验，其实验目的不仅仅是为了验证一个原理、观察一种现象或是寻求一个普遍使用的规律，而应当是为了有针对性地解决一个具有明确工业背景的生物工程问题。因此，在实验的组织和实施方法上与科研工作十分类似，也是从查阅文献、收集资料着手，在尽可能掌握与实验项目有关的研究方法、检测手段和基础数据的基础上，通过对项目技术路线的优选、实验方案的设计、实验设备的选配、实验流程的组织与实施来完成实验工作，并通过对实验结果的分析与评价获得最有价值的结论。

生物工程单元操作实验原则上分为三个阶段：第一，实验方案的拟订；第二，实验方案的实施；第三，实验数据的处理与评价。

1.1　实验方案的拟订

实验方案是指导实验工作有序开展的一个纲要。实验方案的科学性、合理性、严密性与有效性往往直接决定实验工作的效率与成败，因此在着手实验前，应围绕实验目的、针对研究对象的特性对实验工作的开展进行全面的规划和构想，拟订一个切实可行的实验方案。

1.1.1　实验内容的确定

1）实验指标的确定

实验指标是指为达到实验目的而必须通过实验来获取的一些参数，能够表征实验研究对象特征，如薄膜蒸发研究中测定的传热效率、蒸发能力等。

实验指标的确定必须紧紧围绕实验目的。实验目的不同，研究的着眼点就不同，实验指标也就不一样。比如，同样是研究喷雾干燥，实验目的可能有两种：一种是利用喷雾干燥获得细微颗粒；另一种是利用喷雾干燥获得干燥产品。前者的着眼点是颗粒的粒径，实验指标应确定为干燥温度、干燥时间、喷头转速、喷头风压等参数。后者的着眼点是生产产品，实验指标应确定为产品的干燥度、生产效率、产品纯度等参数。

2）实验因子的确定

实验因子是指那些可能对实验指标产生影响的工艺参数或实验条件，如温度、压力、流量、原料组成、搅拌强度等。

确定实验因子必须注意两个问题：第一，实验因子必须具有可检测性，即采用现有的分析方法或检测器可直接测得，并具有足够的准确性。第二，实验因子与实验指标应具有明确的相关性。在相关性不明的情况下，应通过简单的预实验加以判断。

3）因子水平的确定

因子水平是指各实验因子在实验中所取得的具体状态，一个状态代表一个水平。如温度分别取 100℃、200℃，便称温度有两个水平。

选取因子水平时，应注意因子水平变化的可能性。所谓可能性，就是指因子水平的变化在工艺上、工程上及实验技术上所受的限制。如喷雾干燥实验中，喷头压力选择有上限，超过上限，喷头转速不能再提高；喷头压力有下限，低于下限，进入喷头的液体不能喷成雾状。因此，在单元操作实验中，确定各因子的水平前，应充分考虑实验项目的工业背景及实验本身的技术要求，合理地确定其可行性。

1.1.2　实验设计

根据已确定的实验内容，拟订一个具体的实验安排表，以指导实验的进行，这项工作称为实验设计。生物工程单元操作实验通常涉及多变量及多水平的实验设计，由于不同变量不同水平所构成的实验点在操作可行区域中的位置不同，对实验结果的影响程度也不一样。因此，如何安排和组织实验，用最少的实验获得最有价值的实验结果成为实验设计的核心内容。伴随着科学研究和实验技术的发展，实验设计方法的研究也经历了由经验向科学发展的过程。具有代表性的是析因设计法、正交设计法和序贯设计法。

1) 析因设计法

析因设计法又称网格法。该法的特点是以各因子、各水平的全面搭配来组织实验，逐一考察各因子的影响规律。通常采用的实验方法是单因子变更法，即每次实验只改变一个因子的水平，其他因子保持不变，以考察该因子的影响。如在蒸发实验中，常采取固定原料浓度、配比、进料速度，考察温度的影响；或根据固定温度等其他条件，考察浓度影响的实验方法。据此，要完成所有因子的考察，实验次数 n、因子数 N 和因子水平数 K 之间的关系为 $n=K^N$。一个 4 因子 3 水平的实验，实验次数为 $3^4=81$。可见，对多因子、多水平的系统，该法的实验工作量非常大，在对多因子、多水平的系统进行工艺条件寻优或动力学测试的实验中应谨慎使用。

2) 正交设计法

正交设计法是为了避免网格法在实验点设计上的盲目性而提出的一种比较科学的实验设计方法。它根据正交配置的原则，从各因子、各水平的可行域空间中选择最有代表性的搭配来组织实验，综合考察各因子的影响。

正交实验设计所采取的方法是制订一系列规格化的实验安排表供实验者选用，这种表称为正交表。正交表的表示方法为 $L_n(K^N)$，符号意义如下：

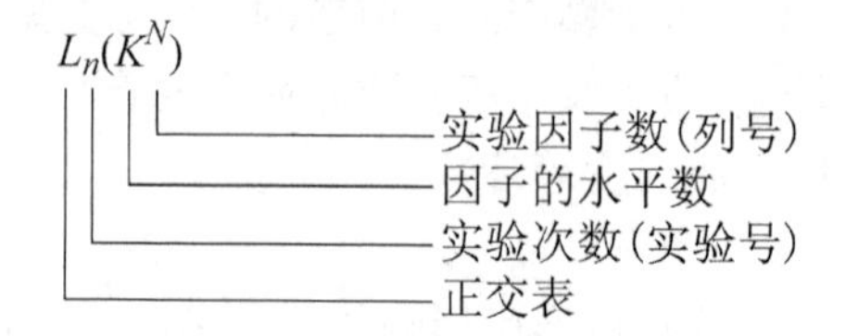

如 $L_8(2^7)$ 表示此表最多可容纳 7 个因子，每个因子有 2 个水平，实验次数为 8 次。表的形式如表 1-1 所示，表中列号代表不同的因子，实验号代表第几次实验，列号下面的数字代表该因子的不同水平。由表 1-1 可见，用正交表安排实验具有两个特点。

(1) 每个因子的各个水平在表中出现的次数相等。即每个因子在其各个水平上都具有相同次数的重复实验。如表 1-1 所示，每列对应的水平“1”与水平“2”均出现 4 次。

(2) 每两个因子之间，不同水平的搭配次数相等。即任意两个因子间的水平搭配是均衡的。如表 1-1 中第 1 列和第 2 列的水平搭配为(1,1)、(1,2)、(2,1)、(2,2)各两次。

由于正交表的设计以严格的数学理论为依据，从统计学的角度充分考虑了实验点的代表性、因子水平搭配的均衡性以及实验结果的精度等问题，所以正交表安排实验具有实验次数少、数据准确、结果可信度高等优点，在多因子、多水平工艺实验的操作条件寻优中，如泵特性曲线的研究中经常采用。在实验指标、实验因子和因子水平确定后，正交实验设计按如下步骤进行。

① 列出实验条件表。以表格的形式列出影响实验指标的主要因子及其对应的水平。因子水平一定时，选用正交表应从实验的精度要求、实验工作量及实验数据处理三方面加以考虑。一般的选表原则是：正交表的自由度大于等于各因子自由度之和加因子交互作用自由度之和，其中，正交表的自由度等于实验次数减1，因子自由度等于因子水平数减1，交互作用自由度等于A因子自由度乘以B因子自由度。

② 表头设计。将各因子正确地安排到正交表的相应列中。安排因子的次序是：先排定有交互作用的单因子列，再排两者的交互作用列，最后排独立因子列。交互作用列的位置可根据两个作用因子本身所在的列数，由同水平的交互作用表查得，交互作用所占的列数等于单因子水平数减1。

③ 制订实验安排表。根据正交表的安排将各因子的相应水平填入表中，形成一个具体的实施计划表。交互作用列和空白列不列入实验安排表，仅供数据处理和结果分析用。

表1-1　正交表$L_8(2^7)$

实验号＼列号	1	2	3	4	5	6	7
1	1	1	1	1	1	1	1
2	1	1	1	2	2	2	2
3	1	2	2	1	1	2	2
4	1	2	2	2	2	1	1
5	2	1	2	1	2	1	2
6	2	1	2	2	1	2	1
7	2	2	1	1	2	2	1
8	2	2	1	2	1	1	2

3）序贯设计法

序贯设计法是一种更加科学的实验方法。它将最优化的设计思想融入实验设计之中，采取边设计、边实施、边总结、边调整的循环运作模式。根据前期实验提供的信息，通过数据处理和寻优，搜索出最灵敏、最可靠、最有价值的实验点作为后续实验的内容，周而复始，直至得到最理想的结果。这种方法既考虑了实验点因子水平组合的代表性，又考虑了实验点的最佳位置，使实验始终在效率最高的状态下运行，实验结果的精度提高，研究周期缩短。在生物工程单元操作实验研究中，尤其适用于模型鉴别与参数估计类实验。

1.2　实验方案的实施

实验方案的实施主要包括实验设备的设计与选用；实验流程的组织与实施；实验装置的安

装与调试;实验数据的采集与测定。实施工作通常分三步进行,首先根据实验的内容和要求,设计、选用和制作实验所需的主体设备及辅助设备。然后,围绕主体设备构想组织实验流程,解决原料的配置、净化、计量和输送问题以及产物的采样、收集、分析和后处理问题。最后,根据实验流程,进行设备、仪表、管线的安装和调试,完成全流程的贯通,进入正式实验阶段。

1.2.1 实验设备的设计和选用

实验设备的合理设计和正确选用是实验工作得以顺利实施的关键。生物工程单元操作实验所涉及的实验设备主要分为两大类:一是主体设备;二是辅助设备。主体设备是实验工作的重要载体,辅助设备则是主体设备正常运行及实验流程畅通的保障。

1) 实验主体设备

多年来,随着生物工程单元操作实验技术的不断积累与完善,生物工程单元操作实验的主体设备已形成了多种结构合理、性能可靠、各具特色的专用实验设备,可供实验者选用。

2) 辅助设备的选用

生物工程单元操作实验所用的辅助设备主要包括动力设备和换热设备。动力设备主要用于物流的输送和系统压力的调控,如离心泵、计量泵、真空泵、气体压缩机、鼓风机等。换热设备主要用于温度的调控和物料的干燥,如电热锅炉、列管换热器、超级恒温槽、电热烘箱、马弗炉等。辅助设备通常为定型产品,可根据主体设备的操作控制要求及实验物系的特性来选择。选择时,一般是先定设备类型,再定设备规格。

动力设备类型主要是根据被输送介质的物性和系统的工艺要求来确定。如果工艺要求的输送流量不大,但输出压力较高,对液体介质,应选用高压计量泵或比例泵;对气体介质,应选用气体压缩机。如果被输送的介质温度不高,工艺要求流量稳定,输入和输出的压差较小,可选用离心泵或鼓风机。如果输送腐蚀性的介质,则应选择耐腐蚀泵。由于实验室的装置一般比较小,原料和产物的流量较低,对流量的控制要求较高。因此,近年来有许多微型或超微型的计量泵和离心泵问世,如超微量平流泵、微量蠕动泵等,可根据需要选用。动力设备的类型确定后,再根据各类动力设备的性能、技术特征及使用条件,结合具体的工艺要求确定设备的规格与型号。

换热设备主要根据对象的温度水平和控温精度的要求来选择。对温度要求不太高($T<250$℃)、控温精度要求较高的系统,一般采用电热锅炉、列管换热器、液体恒温槽来控温。换热设备可选用具有调温和控温双重功能的定型产品,如超级恒温槽、低温恒温槽等。换热介质可根据温度水平来选用。常用的换热介质及其使用温度如表1-2所示。

表1-2 常用的换热介质及其使用温度

介　质	导热油	甘油	水	20%盐水	乙醇
适用温度/℃	100～300	80～180	5～80	−5～−3	−25～−10

对温度水平要求较高的系统,通常采用直接电加热的方式换热。常用的定型设备有不同型号的电热锅、管式电阻炉(温度可高达950℃)等。实验室中,也常采取在设备上直接缠绕电热丝、电热带或涂敷导电膜的方法加热或保温。直接电加热系统的温度控制是通过温度控制仪表来实现的,控制的精度取决于控制仪表的工作方式(位式、PID式、AI式)、控制点的位置、测温元件的灵敏度和控制仪表的精密度。

控温的精度要求一般是根据实验指标的精度要求提出的，如在流体力学阻力系数的测定实验中，要保持阻力系数相对误差小于5%，则系统温度变化必须控制在±0.5℃以内。

1.2.2　实验流程的安装与调试

实验流程的正确安装与调试是确保实验数据的准确性、实验操作的安全性和实验布局的合理性的重要环节。流程的安装与调试涉及设备、管道、阀门和仪器仪表等几方面。在生物工程单元操作实验中，由于生物工程所涉及的研究对象性质十分复杂(热敏、易燃、易爆、有毒、易挥发等)，实验的内容范围较广(涉及反应、分离、工艺、设备性能、热力学参数的测定)，实验的操作条件也各不一样(高温、高压、真空、低温等)，因此，实验流程的布局、设备仪表的安装与调试，应根据实验过程的特点、实验设备的多寡以及实验场地的大小来合理安排。在满足实验要求的前提下，力争做到布局合理美观、操作安全方便、检修拆卸自如。流程的安装与调试大致分为四步：

(1) 搭建设备安装架，安装架一般由设备支架和仪表屏组成；

(2) 在安装架上按流程顺序布置和安装主要设备及仪器仪表；

(3) 围绕主要设备，按运行要求布置动力设备和管道；

(4) 按实验要求调试仪表及设备，标定有关设备及操作参数。

1) 实验设备的布置与安装

(1) 静止设备。此类设备原则上按流程的顺序，按工艺要求的相对位置和高度，并考虑安全、检修和安装的方便，依次固定在安装架上。设备的平面布置应井然有序、连续贯通；立面布置应错落有致、紧凑美观。设备之间应保持一定距离，以便设备的安装与检修，并尽可能利用设备的位差或压差促成流体的流动。

设备安装架应尽可能靠墙安放，并靠近电源和水源。安装设备时应先主后辅，主体设备定位后，再安装辅助设备，同时应注意设备管口的方位以及设备的垂直度和水平度。管口方位应根据管道的排列、设备的相对位置及操作的方便程度来灵活安排，取样口的位置要便于观察和取样。对塔设备的安装应特别注意塔体的垂直，因为塔体的倾斜将导致塔内流体的偏流和壁流，使填料润湿不均，塔效率下降。水平安装的冷凝器应向出口方向适当倾斜，以保证冷凝液的排放。设备内填充物(如构件、填料等)的装填应小心仔细，填充物应分批加入，边加边振动，防止架桥现象。装填完毕后，应在填料段上方采取压固措施，即用较大填料或不锈钢丝网等将填充物压紧，以防操作时流体冲翻或带走填充物。

(2) 动力设备。由于此类设备(如空压机、真空泵、离心机等)运转时伴有振动和噪声，安装时应尽可能靠近地面并采取适当的隔离措施。离心泵的进口管线不宜过长过细，不宜安装阀门，以减小进口阻力。安装真空泵时，应在进口管线上设置干燥器、缓冲罐和放空阀。若系统中含有可燃性溶剂或操作温度较高时，还应在泵前加设冷阱，用水、冰或液氮冷凝溶剂蒸气，防止其被吸入真空泵，造成泵的损坏，但应注意冷阱温度不得低于溶剂的凝固点。实验室常用的旋片式真空泵的进口管线的安装次序为设备＋冷阱＋干燥器＋放空阀＋缓冲罐＋真空泵。放空阀的作用是停泵前让缓冲罐通大气，防止真空泵中的机油倒灌。

2) 测量元件的安装

正确使用测量仪表或在线分析仪器的关键是测量点、采样点的合理选择及测量元件的正确安装。因为测量点或采样点所采集的数据是否具有代表性和真实性，是否对操作条件的变化足够灵敏,将直接影响实验结果的准确性和可靠性。实验中经常测量的是温度和压力。

实验室常用的测温手段如下:

(1) 用玻璃温度计直接测量;

(2) 用配有指示仪表的热电偶、铂电阻测温。

为使用安全,一般温度计和热电偶不是直接与物料接触,而是插在装有导热介质的管套中间接测温。测温点的位置及测温元件的安装方法应根据测量对象的具体情况合理选择。如在喷雾干燥试验中,温度的测量和控制十分重要。测取温度的方法有三种:

(1) 在电加热套管与反应管之间采温,以夹层温度代替反应温度;

(2) 将热电偶插在喷雾干燥器中心;

(3) 将热电偶直接插在进出风管内测温。

三种方法各有利弊,应根据干燥热的强弱,风管尺寸的大小灵活选择。一般对管径较小的喷雾干燥器,不宜采用方法(2),因为热电偶套管占用的管截面比例较大,容易造成壁效应,影响器内流型。

压力测量点的选择要充分考虑系统流动阻力的影响,测压点应尽可能靠近希望控制压力的地方。如真空精馏中,为防止釜温过高引起物料的分解,采用减压的方法降低物料的沸点。这时,釜温与塔内的真空度相对应,操作压力的控制至关重要。测压点设在塔釜的气相空间是最安全、最直接的。若设在塔顶冷凝器上,则所测真空度不能直接反映塔釜状况,还必须加上塔内的流动阻力。如果流动阻力很大,尽管塔顶的真空度高,釜压仍有可能超标,因此是不安全的。通常的做法是用 U 形管压强计同时测定塔釜的真空度和塔内压力降。

流量计的安装要注意流量计的水平度或垂直度以及进出流体的流向。

3) 实验流程的调试

实验装置安装完毕后,要进行设备、仪表及流程的调试工作。调试工作主要包括系统气密性试验、仪器仪表的校正和流程试运行。

(1) 系统气密性试验。系统气密性试验包括试漏、查漏和堵漏三项工作。对压力要求不太高的系统,一般采用负压法或正压法进行试漏,即对设备和管路充压或减压后,关闭进出口阀门,观察压力的变化。若发现压力持续降低或升高,说明系统漏气。查漏工作应首先从阀门、管件和设备的连接部位着手,采取分段检查的方式确定漏点。其次,再考虑设备材质中的砂眼问题。堵漏一般采用更换密封件、紧固阀门或连接部件的方法。对真空系统的堵漏,实验室常采用真空封泥或各种型号的真空脂。

对高压系统($p \geqslant 10$ MPa)应进行水压试验,以考核设备强度。水压试验一般要求水温大于 5℃,试验压力大于 1.25 倍设计压力。试验时逐级升压,每个压力级别恒压半小时以上,以便查漏。

(2) 仪器仪表的校正。由于待测物料的性质不同,仪器仪表的安装方式不同,以及仪表本身的精度等级和新旧程度不一,都会给仪器仪表的测量带来系统误差,因此,仪器仪表在使用前必须进行标定和校正,以确保测量的准确性。

(3) 流程试运行。试运行的目的是为了检验流程是否贯通,所有管件阀门是否灵活好用,仪器仪表是否正常工作,指示值是否灵敏、稳定,开停车是否方便,有无异常现象。试车前应仔细检查管道是否连接到位,阀门开闭状态是否合乎运行要求,仪器仪表是否经过标定和校正。试运行一般采取先分段试车、后全程贯通的方法进行。

1.3　实验数据的处理与评价

实验研究的目的是期望通过实验数据获得可靠的、有价值的实验结果。而实验结果是否可靠、是否准确、是否真实地反映了对象的本质，不能只凭经验和主观臆断，必须应用科学的、有理论依据的数学方法加以分析、归纳和评价。因此，掌握和应用误差理论、统计理论和科学的数据处理方法是十分必要的。

1.3.1　实验数据的误差分析

1）误差的分类

实验误差根据其性质和来源不同可分为三类：系统误差、随机误差和过失误差。系统误差由仪器误差、方法误差和环境误差构成，即仪器性能欠佳、使用不当、操作不规范以及环境条件的变化引起的误差。系统误差是实验中潜在的弊端，若已知其来源，应设法消除。若无法在实验中消除，则应事先测出其数值的大小和规律，以便在数据处理时加以修正。随机误差是实验中普遍存在的误差，这种误差从统计学的角度看，它具有有界性、对称性和抵偿性，即误差仅在一定范围内波动，不会发散，当实验次数足够大时，正负误差将相互抵消，数据的算术均值将趋于真值。因此，不易也不必去刻意地消除它。

过失误差是由于实验者的主观失误造成的显著误差。这种误差通常会造成实验结果的扭曲。在原因清楚的情况下，应及时消除。若原因不明，应根据统计学的准则进行判别和取舍。

2）误差的表示

（1）数据的真值。实验测量值的误差是相对于数据的真值而言的。严格地讲，真值应是某量的客观实际值。然而，在通常情况下，绝对的真值是未知的，只能用相对的真值来近似。

在生物工程实验中，常采用三种相对真值，即标准器真值、统计真值和引用真值。标准器真值就是用高精度仪表的测量值作为低精度仪表测量值的真值，要求高精度仪表的测量精度必须是低精度仪表的 5 倍以上。统计真值就是用多次重复实验测量值的平均值作为真值，重复实验次数越多，统计真值越趋近实际真值，由于趋近速度是先快后慢，故重复实验的次数取 3～5 次即可。引用真值就是引用文献或手册上那些已被前人的实验证实，并得到公认的数据作为真值。

（2）绝对误差与相对误差。绝对误差与相对误差在数据处理中用来表示物理量的某次测定值与其真值之间的误差。绝对误差的表达式为

$$d_i = | x_i - X | \tag{1-1}$$

相对误差的表达式为

$$E_{r_i}(\%) = \frac{| x_i - X |}{X} \times 100\% \tag{1-2}$$

式中，x_i 为第 i 次测定值；X 为真值。

（3）算术均差和标准误差。算术均差和标准误差在数据处理中用来表示一组测量值的平均误差。其中，算术均差的表达式为

$$\delta = \frac{\sum_{i=1}^{n} |x_i - \bar{x}|}{n} \tag{1-3}$$

式中,n 为测量次数;x_i 为第 i 次测得值;$\bar{x}$ 为 n 次测得值的算术均值。

$$\bar{x} = \frac{\sum_{i=1}^{n} x_i}{n} \tag{1-4}$$

标准误差 σ(又称均方根误差)的表达式为(在有限次数 n 的实验中)

$$\sigma = \sqrt{\frac{\sum (x_i - \bar{x})^2}{n-1}} \tag{1-5}$$

算术均差和标准误差是实验研究中常用的精度表示方法。两者相比,标准误差能够更好地反映实验数据的离散程度,因为它对一组数据中的较大误差或较小误差比较敏感,因而,在生物工程单元操作实验中被广泛采用。

3) 仪器仪表的精度与测量误差

仪器仪表的测量精度常采用精确度等级来表示,如 0.1、0.2、0.5、1.0、1.5、2.5、5.0 级电流表、电压表等。而所谓的仪表等级实际上是仪表测量值的最大相对误差(百分数)的一种实用表示方法,称为引用误差。引用误差的定义为

$$\text{引用误差} = \frac{\text{仪表指示值的最大相对误差}}{\text{仪表满量程}} \tag{1-6}$$

若以 1%表示某仪表的引用误差,则该仪表的精度等级为 1.0 级。精度等级的数值越大,说明引用误差越大,测量的精度等级越低。这种关系在选用仪表时应注意。从引用误差的表达式可见,它实际上是仪表测量值为满刻度值时相对误差的特定表示方法。

在仪表的实际使用中,由于被测值的大小不同,在仪表上的示值不一样,这时应如何来估算不同测量值的相对误差呢?

假设仪表的精度等级为 P 级,表明引用误差为 $P\%$,若满量程值为 M,测量点的指示值为 m,则测量值的相对误差 E_r 的计算式为

$$E_r = \frac{M \times P\%}{m} \tag{1-7}$$

可见,仪表测量值的相对误差不仅与仪表的精度等级 P 有关,而且与仪表量程 M 和测量值 m 的比值 M/m 有关。因此,在选用仪表时应注意以下两点:

(1) 当待测值一定时,选用仪表不能盲目追求仪表的精度等级,应兼顾精度等级和仪表量程进行合理选择。量程选择的一般原则是尽可能使测量值落在仪表满刻度值的 2/3 处,即 $M/m=3/2$ 适宜。

(2) 选择仪表的一般步骤如下:首先根据待测值 m 的大小,依 $M/m=3/2$ 的原则确定仪表的量程 M,然后,根据实验允许的测量值相对误差 E_r,依式(1-7)确定仪表的最低精度等级 P,最后,根据上面确定的 M 和 $P\%$,从可供选择的仪表中选配精度合适的仪表。

$$P\% = \frac{2}{3} E_r \tag{1-8}$$

1.3.2　实验数据的处理

实验数据的处理是实验研究工作中的一个重要环节。由实验获得的大量数据必须经过正确分析、处理和关联，才能清楚地看出各变量间的定量关系，从中获得有价值的信息与规律。实验数据的处理是一项技巧性很强的工作，处理方法得当，会使实验结果清晰而准确，否则，将得出模糊不清甚至错误的结论。实验数据处理常用的方法有三种：表列法、图示法和回归分析法。

1）实验结果的表列法

表列法是将实验的原始数据、运算数据和最终结果直接列举在各类数据表中以展示实验成果的一种数据处理方法。根据记录的内容不同，数据表主要分为两种：原始数据记录表和实验结果表。其中原始数据记录表是在实验前预先制订的，记录的内容是未经任何运算处理的原始数据。实验结果表记录了经过运算和整理得出的主要实验结果，该表的制订应简明扼要，直接反映主要实验指标与操作参数之间的关系。

2）实验数据的图示法

图示法是以曲线的形式简单明了地表达实验结果的常用方法。由于图示法能直观地显示变量间存在的极值点、转折点、周期性及变化趋势，尤其在数学模型不明确或解析计算有困难的情况下，图示求解是数据处理的有效手段。

图示法的关键是坐标的合理选择，包括坐标类型与坐标刻度的确定。坐标选择不当，往往会扭曲和掩盖曲线的本来面目，导致错误的结论。

坐标类型选择的一般原则是尽可能使函数的图形线性化。即线性函数：$y=a+bx$，选用直角坐标；指数函数：$y=a^{bx}$，选用半对数坐标；幂函数：$y=x^b$，选用对数坐标。若变量的数值在实验范围内发生了数量级的变化，则该变量应选用对数坐标来标绘。

确定坐标分度标值可参照如下原则：

(1) 坐标的分度应与实验数据的精度相匹配。即坐标读数的有效数字应与实验数据的有效数字的位数相同。换言之，坐标的最小分度值的确定应以实验数据中最小的一位可靠数字为依据。

(2) 坐标比例的确定应尽可能使曲线主要部分的切线与 x 轴和 y 轴的夹角成 45°。

(3) 坐标分度值的起点不必从零开始，一般取数据最小值的整数为坐标起点，以稍大于数据最大值的某一整数为坐标终点，使所标绘的图线位置居中。

3）实验结果的模型化

实验结果的模型化就是采用数学手段，将离散的实验数据回归成某一特定的函数形式，用以表达变量之间的相互关系，这种数据处理方法又称为回归分析法。

在生物工程单元操作实验中，涉及的变量较多，这些变量处于同一系统中，既相互联系又相互制约，但是，由于受到各种无法控制的实验因素（如随机误差）的影响，它们之间的关系不能像物理定律那样用确切的数学关系式来表达，只能从统计学的角度来寻求其规律。变量间的这种关系称为相关关系。

回归分析是研究变量间相关关系的一种数学方法，是数理统计学的一个重要分支。用回归分析法处理实验数据的步骤如下：第一，选择和确定回归方程的形式(即数学模型)；第二，用实验数据确定回归方程中的模型参数；第三，检验回归方程的等效性。

(1) 确定回归方程。回归方程形式的选择和确定有三种方法：

① 根据理论知识、实践经验或前人的类似工作，选定回归方程的形式。

② 先将实验数据标绘成曲线，观察其接近于哪一种常用的函数的图形，据此选择方程的形式。图 1-1 列出了几种常用函数的图形。

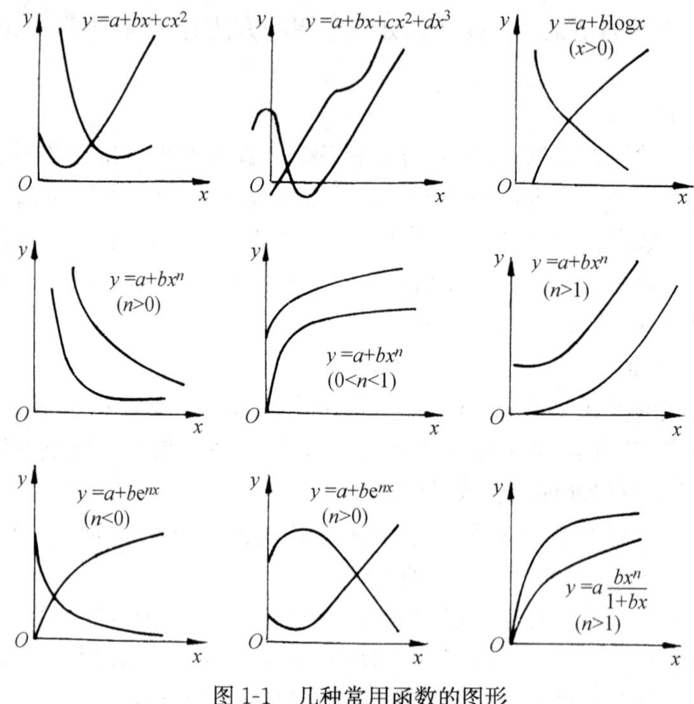

图 1-1　几种常用函数的图形

③ 先根据理论和经验确定几种可能的方程形式，然后用实验数据分别拟合，并运用概率论、信息论的原理模型对其进行筛选，以确定最佳模型。

(2) 模型参数的估计。当回归方程的形式(即数学模型)确定后，要使模型能够真实地表达实验的结果，必须用实验数据对方程进行拟合，进而确定方程中的模型参数，如对线性方程 $y=a+bx$，其待估参数为 a 和 b。

参数估值的指导思想如下：由于实验中各种随机误差的存在，实验响应值与数学模型的计算值不可能完全吻合。但可以通过调整模型参数，使模型计算值尽可能逼近实验数据，使两者的残差 $y_i-\hat{y}$ 趋于最小，从而达到最佳的拟合状态。

根据这个指导思想，同时考虑到不同实验点的正负残差有可能相互抵消，影响拟合的精度，拟合过程采用最小二乘法进行参数估值，即选择残差平方和最小为参数估值的目标函数，其表达式为

$$Q=\sum_{i=1}^{n}(y_i-\hat{y})^2 \rightarrow \min \tag{1-9}$$

最小二乘法可用于线性或非线性、单参数或多参数数学模型的参数估计，其求解的一般步骤

如下：

① 将选定的回归方程线性化。对复杂的非线性函数，应尽可能采取变量转换或分段线性化的方法，使之转化为线性函数。

② 将线性化的回归方程代入目标函数 Q。然后对目标函数求极值，即将目标函数分别对待估参数求偏导数，并令导数为零，得到一组与待估参数个数相等的方程，称为正规方程。

③ 由正规方程组联立求解出待估参数。

4) 实验结果的统计检验

无论是采用离散数据的表列法，还是采用模型化的回归法表达实验结果，都必须对结果进行科学的统计检验，以考察和评价实验结果的可靠程度，从中获得有价值的实验信息。统计检验的目的是评价实验指标 y 与变量 x 之间，或模型计算值 $\hat{y}$ 与实验值 y 之间是否存在相关性以及相关的密切程度如何。检验的方法如下：

(1) 首先建立一个能够表征实验指标 y 与变量 x 间相关的密切程度的数量指标，称为统计量。

(2) 假设 y 与 x 不相关的概率为 α，根据假设的 α 从专门的统计检验表中查出统计量的临界值。

(3) 将查出的临界统计量与实验数据算出的统计量进行比较，便可判别 y 与 x 相关的显著性。判别标准如表1-3所示，通常称 α 为置信度或显著性水平。

表1-3　显著性水平的判别标准

显著性水平	检验判据	相关性
$\alpha=0.01$	计算统计量大于临界统计量	高度显著
$\alpha=0.05$	计算统计量大于临界统计量	显著

常用的统计检验方法有方差分析法和相关系数法。

① 方差分析。方差分析不仅可用于检验回归方程的线性相关性，而且可用于对离散的实验数据进行统计检验，判别各因子对实验结果的影响程度，分清因子的主次，优选工艺条件。方差分析构筑的检验统计量为 F 因子，用于模型检验时，其计算式为

$$F=\frac{\sum(\hat{y}_i-\bar{y})^2/f_U}{\sum(y_i-\bar{y})^2/f_Q}=\frac{U/f_U}{Q/f_Q} \tag{1-10}$$

式中，f_U 为回归平方和的自由度，$f_U=N$；f_Q 为残差平方和的自由度，$f_Q=n-N-1$；n 为实验点数；N 为自变量个数；U 为回归平方和，表示变量水平变化引起的偏差；Q 为残差平方和，表示实验误差引起的偏差。

检验时，首先依上式算出统计量 F，然后，由指定的显著性水平 α、自由度 f_U 和 f_Q 从有关手册中查得临界统计量 F_α，依表1-3进行相关显著性检验。

② 线性相关系数 r。在实验结果的模型化表达方法中，通常利用线性回归将实验结果表示成线性函数。为了检验回归直线与离散的实验数据点之间的符合程度，或者说考察实验指标 y 与自变量 x 之间线性相关的密切程度，提出了相关系数 r 这个检验统计量。相关系数的表达式为

$$r=\frac{\sum(x_i-\bar{x})(y_i-\bar{y})}{\sqrt{\sum(x_i-\bar{x})^2(y_i-\bar{y})^2}} \tag{1-11}$$

当$r=1$时,y与x完全正相关,实验点均落在回归直线$\hat{y}=a+bx$上。当$r=-1$时,y与x完全负相关,实验点均落在回归直线$\hat{y}=a-bx$上。当$r=0$时,则表示y与x无线性关系。一般情况下,$0<|r|<1$。这时要判断x与y之间的线性相关程度,就必须进行显著性检验。检验时,一般取α为0.01或0.05,由α和f_Q查得r_α后,将计算得到的$|r|$值与r_α进行比较,判别x与y线性相关的显著性。

1.3.3 实验报告的撰写

1) 实验报告的特点

(1) 原始性。实验报告记录和表达的实验数据一般比较原始,数据处理的结果通常用图或表的形式表示,比较直观。

(2) 纪实性。实验报告的内容侧重于实验过程、操作方式、分析方法、实验现象、实验结果的详尽描述,一般不做深入的理论分析。

(3) 试验性。实验报告不强求内容的创新,即使实验未能达到预期效果,甚至失败,也可以撰写实验报告,但必须客观真实。

2) 实验报告的写作格式

(1) 标题。即实验名称。

(2) 作者及单位。应署明作者的真实姓名和单位。

(3) 摘要。以简洁的文字说明报告的核心内容。

(4) 前言。概述实验的目的、内容、要求和依据。

(5) 正文。主要内容如下:

① 叙述实验原理和方法,说明实验所依据的基本原理及实验方案与装置设计规则。

② 描述实验流程与设备,说明实验所用设备、器材名称和数量,图示实验装置及流程。

③ 详述实验步骤和操作、分析方法,指明操作、分析的要点。

④ 记录实验数据与实验现象,列出原始数据表。

⑤ 数据处理。通过计算和整理,将实验结果以列表、图示或照片等形式反映出来。

⑥ 结果讨论。从理论上对实验结果和实验现象做出合理解释,说明自己的观点和见解。参考文献部分注明报告中引用的文献出处。

1.4 从事实验的基础知识

进行生物工程单元操作实验或进行其他任何科学实验,实验人员首先要具有一种最基本的态度——实事求是的态度。

我们这里所说的“实事求是”,就是说要把实验中所观测到的现象、数据、规律忠实地记录下来,把它们当作第一性的材料来对待。科学的推理要以实验观测为依据,科学的理论要用实验观测来检验。因此记录下来的应该是实际观测到的情况而不能在任何理由下加以编造、修改或歪曲。例如,某个参数根据理论计算其值应该是100,而实验中测到的只是20,那也应该把20的值记录下来，然后再去找原因，而不能用任何其他数字来搪塞。

实验中直接观测到的现象和数字，当然也可能不够准确，也可能有错误，但是某次实验可能不可靠也只能用反复多次的实验来核对，不能用“与书本上已有的陈述不符”或“与依据的某种理论的计算不符”就修改记录或取消某次记录，对待实验观测必须严肃认真，绝不能随便更改某个数字。

我们特别强调这一点，是因为只有具备了这种基本态度，实验工作才能为自己、为别人提供有意义的材料，才能充分理解生物工程单元操作实验，才能理解为什么要对实验工作提出那么多要求，才能积极主动地根据这些要求来工作，并使自己受到正确的训练，不断提高科学实验能力。

1.4.1　有关实验的基础知识

实验的各个步骤都是为了一个初步的目标，即提出一个有某种实用意义或参考意义的实验报告。因此，我们所进行的训练、所介绍的实验基础知识也都要从这一点来掌握、来要求。既然如此，那么就要在实验报告中把实验任务、实验观测的结果用表、图、公式、文字简练明确地表达出来，要使阅读者一目了然，不能含糊。除此之外，还必须做到：

(1) 数据是可靠的。为此对实验方案要认真考虑，要认真做实验、认真记录数据。实验前做好准备，实验时精力集中、认真负责，并如实说明实验方案以供阅读者审阅，看实验方案是否合理。

(2) 实验记录要有校核的可能。因此要清楚说明实验的时间、地点、条件、同组人员。

为了保证能做出合格的报告，对实验过程中各个步骤、各个问题必须提出如下的说明和具体要求。

1) 怎样准备实验

(1) 阅读实验讲义，弄清实验的目的与要求。

(2) 根据本实验的具体任务，研究实验的做法及其理论依据，分析应该取哪些数据并弄清实验数据的变化规律。

(3) 到现场观看设备流程，主要设备的结构、仪表种类、安装位置，了解它们的启动和使用方法(不要擅自启动，以免损坏仪表设备或发生其他事故)。

(4) 根据实验任务及现场设备情况或实验室可能提供的其他条件，最后确定应该测取的数据。

(5) 拟订实验方案，决定先做什么、后做什么，了解操作条件如何、设备如何、设备启动程序如何、如何调整设备、如何分配实验中数据。

2) 怎样组织实验

本课程的实验一般都是几个人合作。因此实验时必须做好组织工作，既有分工又有合作；既能保证实验质量，又能获得全面训练。每个实验小组要有一个组长，组长负责实验方案的执行、联络和协调，必要时还应兼任其他工作。实验方案应该在组内讨论，使人人知晓。每个组员都应有事做(包括操作、读取数据及现象观察等)，而且应在适当的时间进行轮换(操作要求较高的实验，可以不在实验中轮换，而在演习时加以训练)。

3) 实验应测取哪些数据

(1) 凡是影响实验结果或是数据整理过程中所需的数据都必须测取，它包括大气条件、设备的有关尺寸、物料性质以及操作数据等。

(2) 并不是所有数据都要直接测取的。凡可以根据某一数据导出或从手册中查出的其他数据,就不必直接测定。例如,水的黏度、密度等物理性质,一般只要测出水温后即可查出,因此不必直接测定水的黏度、密度,而应该测水温。

4) 怎样读取数据、做好记录

(1) 事先必须拟好记录表格(只负责记录某一项数据的,也要列出完整的记录表格),不应随便用一张纸就记录,以保证数据的完整、条理清楚而避免张冠李戴。每个学生都应有一个实验记录本。

(2) 实验时一定要在现象正常后才开始读取数据,条件改变后,要稍等待一会儿才能读取数据,这是因为稳定需要一定时间(有的实验甚至要很长时间才能达到稳定,如精馏),而仪表通常又有滞后现象,不能条件刚一改变就测数据,引用这种数据做报告,必将出现奇怪的结论。

(3) 同一条件下至少要读取两组数据(研究不稳定过程中的现象除外),而且只有当两组读数接近时才能继续改变条件。

(4) 每个数据记录后,应该立即恢复仪表读数,以免发生读错标尺或写错数字等事故。

(5) 每个数据都应写明单位。

(6) 记录必须真实地反映仪表的精确度,一般要记录至仪表上最小分度以下一位数据。

例如,摄氏温度计的最小分度为 1℃,如果当时的温度刚好是 25℃,则应记为 25.0℃,而不能记为 25℃,因为这里有一个精确度问题。

(7) 记录数据要以当时的实际读取数据为准,例如,规定的水温为 50.0℃,而读数的实际水温为 50.5℃,就应该记为 50.5℃。如果数据稳定不变,也应该照常记录,不得空下不记。如果漏记了数据,应该留出相应的空格。

(8) 实验中如果发现不正常情况以及数据有明显误差时,应该在备注栏中加以说明。

5) 实验过程中的注意事项

有的同学在做实验时,只知道读取数据,其他的一概不管,这是不对的。实验过程中除了读取数据外,还应该做到下列事项:

(1) 从事操作的人员必须密切注意仪表指示值的变动,随时调节,务必使整个实验过程都在规定条件下进行,尽量减少实际操作条件和规定条件之间的差距,操作人员不要擅离岗位。

(2) 读取数据后,应立即和前次数据相比较,也要和其他有关数据相对照,分析相互关系是否合理。如果发现不合理的情况,应该立即与小组人员共同研究、分析,找出数据不合理的原因,以便及时发现问题、解决问题。

(3) 实验过程中,还应该注意观察过程现象,特别是发现某些不正常现象时更应抓紧时机,研究产生不正常现象的原因。

6) 怎样整理数据

(1) 在同一条件下,如有几次比较稳定但稍有波动的数据,应先取其平均值,然后加以整理,不必逐个整理后取平均值,这样可以节省时间。

(2) 数据整理时应根据有效数字的运算规则,舍弃一些没有意义的数字。一个数据的精确度是由测量仪表本身的精确度所决定的,它绝不因为计算时位数增加而提高,但是任意减少位数却是不许可的,因为它减低了应有的精确度。

(3) 数据整理时,如果过程比较复杂,实验数据又多,一般以列表整理法为宜,同时应将同一项目放在一起整理。这种整理方法不仅过程明确,而且节省时间。

(4) 要求以一组数据为例,把各项计算过程列出。

第2章　生物工程基本测量技术

压强、流量、温度、黏度等都是生物工程单元操作中操作条件的重要信息，它们是必须测量的基本参数。因此，本章就它们的测量做概要的介绍。

2.1　流体压强的测量方法

流体压强测量可分成流体静压测量和流体总压测量。前者可采用在管道或设备壁面上开孔测压的办法，也可以将静压管插入流体中，并使管子轴线与流动方向垂直，即测压管端面与流动方向平行的方法测压；后者可用测压管（也称皮托管，Pitot tube）的办法。在生物工程单元操作生产和实验中，经常遇到流体静压强的测量问题，因此在此着重讨论如何测量流体的静压强。

2.1.1　常用的压强计

根据压强的基准，压强的表示方法可分为两种：以绝对零压为基准的称为绝对压；以物理大气压为基准的，称为表压或真空度，如图 2-1 所示。压强计的形式繁多，但在生物工程单元操作实验中比较常用的有以下几种。

1）液柱式压强计

液柱式压强计是基于流体静力学原理设计的，结构比较简单，精密度高。它既可用于测量流体的压强，又可用于测流体的压差。其基本形式有以下几种。

(1) U 形管压强计。如图 2-2 所示，这是一种最基本最常见的压强计，它是用一根粗细均匀的玻璃管弯制而成，也可用两根粗细均匀的玻璃管做成连通器形式。玻璃管内充填工作指示液（一般用水银、水）。在使用前，U 形管压强计的工作液处于平衡状态，当作用于 U 形管压强计两端的势能不同时，管内一边液柱下降，而另一边则上升，重新达到平衡状态。这时两个

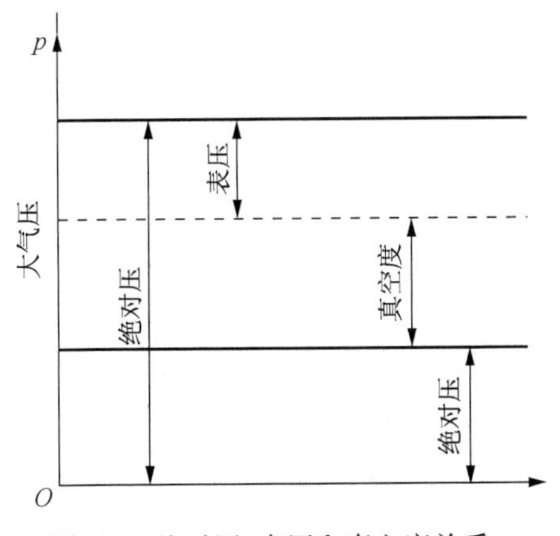

图 2-1　绝对压、表压和真空度关系

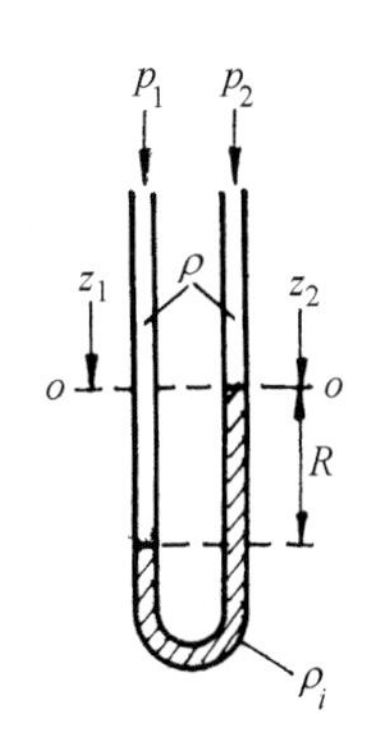

图 2-2　U 形管压强计

液面的高度差是 R,可表示为

$$p_1+\rho g z_1+\rho g R=p_2+\rho g z_2+\rho_i g R \tag{2-1}$$

或

$$\phi_1-\phi_2=(\rho_i-\rho)gR$$

式中,$\phi_1=p_1+\rho g z_1$,$\phi_2=p_2+\rho g z_2$,ϕ 称为虚拟压强。

(2) 单管式压强计。单管式压强计是U形管压强计的一种变形,即用一只杯子代替U形管压强计中的一根管子,如图 2-3 所示。由于杯的截面远大于玻璃管的截面(一般两者之比值要等于或大于 200),所以在其两端作用不同压强时,细管一边的液柱从平衡位置升高 h_1,杯形一边下降 h_2。根据等体积原理,$h_1 \gg h_2$,故 h_2 可忽略不计。因此在读数时只要读一边液面高度,其读数误差可比U形管压强计减少一半。

(3) 倾斜式压强计。倾斜式压强计是把单管压强计或U形管压强计的玻璃管向水平方向做 α 角度的倾斜,如图 2-4 所示。倾斜角的大小可以调节。读数放大了 $1/\sin\alpha$ 倍,即 $R'=R/\sin\alpha$。

市场上供应的 Y-61 型倾斜微压计就是根据这个原理设计、制造的。它的结构如图 2-5 所示。微压计使用相对密度为 0.81 的酒精作为指示液。不同倾斜角的正弦值以相应的 0.2、0.3、0.4 和 0.5 数值标刻在微压计的弧形支架上,以供应用时选择。

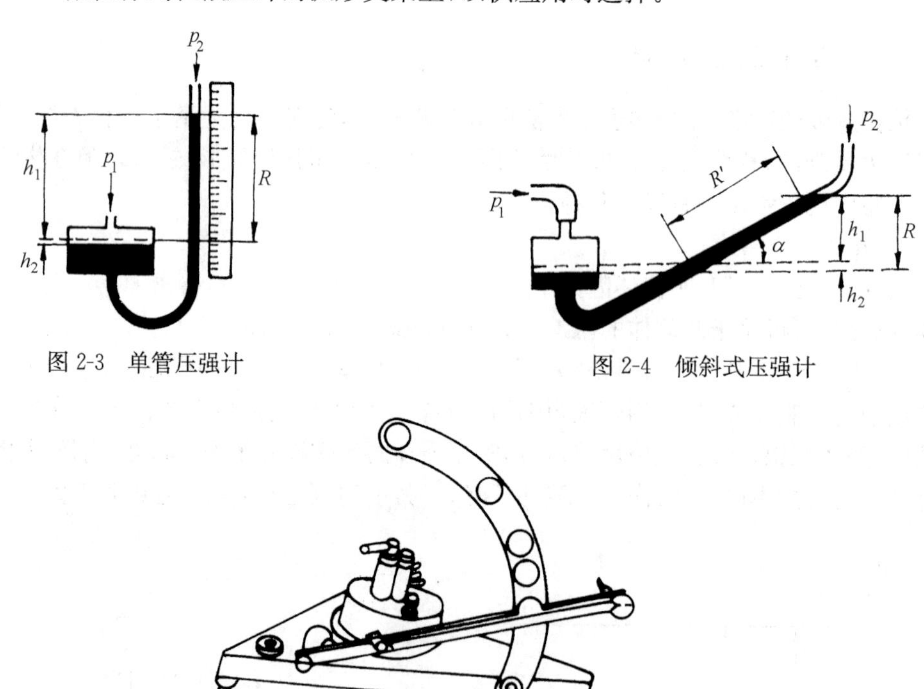

图 2-3 单管压强计

图 2-4 倾斜式压强计

图 2-5 Y-61 型倾斜微压计结构

(4) 补偿式微压计。补偿式微压计如图 2-6 所示,设在螺杆上的调节水匣和固定不动的观测筒用一根软管连通起来,螺杆下部为轴承,上部则与微调盘固定在一起,旋转微调盘使螺杆转动,调节水匣则在螺杆上做上下移动。未测量时将水匣调到最低位置,这时微调盘及游标皆指零。观测筒内的液面恰好淹没到水准头的尖顶。测量时高压通入观测筒,低压通入水匣,于是观测筒内液面下降,水准头露出液面,而调节水匣内的液面升高,这时旋转微调盘使水匣升高，则观测筒内的液面跟着升高。当液面升高到恰好与水准头的尖顶相平时，说明观测筒和调节水匣内的压差恰好由水匣升高的水位所补偿。升高的高度由水匣带动的游标在标尺上读得。

补偿式微压计精度较高，读数可精确到 0.01 mm，但读数调节过程太慢，因此不适用于压强不稳定的场合。

水准头的位置可由装在观测筒上的反射镜看出，当反射镜中的水准头的尖顶和其映像尖顶正好相碰时，压强处于平衡状态，如图 2-7 所示。

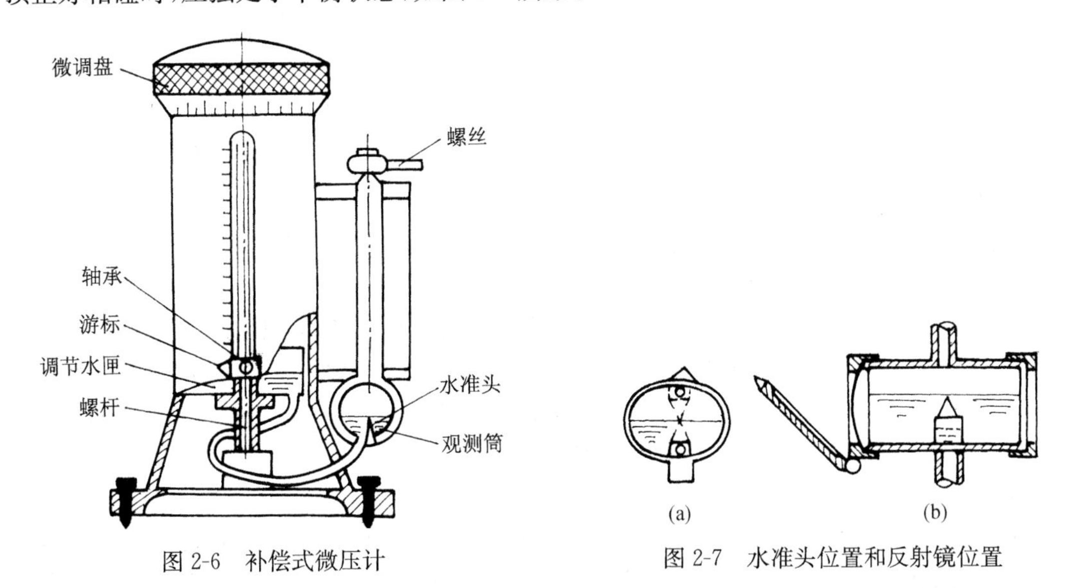

图 2-6　补偿式微压计

图 2-7　水准头位置和反射镜位置

使用前必须先拧开高压端上方的螺丝，灌进适量蒸馏水(液面在水准头尖顶附近)。同时还需注意量程，最好能用 U 形管压强计预测压强或压差大致范围，将水匣预先调节至该范围内，然后再接入测压系统进行微调。

(5) 倒 U 形管压强计。倒 U 形管压强计如图 2-8 所示，指示剂为空气，一般用于测量小压差液体的场合。由于工作液体在两点上压强不同，故在倒 U 形的两根支管中上升的液柱高度也不同，则

$$p_1 - p_2 = (\rho \quad \rho_{空气})gR \approx \rho gR \tag{2-2}$$

(6) 双液柱压强计。双液柱压强计如图 2-9 所示，它一般用于测量气体压差的场合。ρ_1 和 ρ_2 分别代表两种指示液的密度，由流体静力学原理知：

$$p_2 - p_1 = (\rho_2 - \rho_1)gR$$

当压差很小时，为了扩大读数 R，减小相对读数误差，可以通过减小$(\rho_2-\rho_1)$来实现，$(\rho_2-\rho_1)$越小，R 就越大，但两种指示液必须有清晰的分界面，所以工业上常用石蜡油和工业酒精，试验中常用苯甲基醇和氯化钙溶液。氯化钙溶液的密度可以用不同的浓度来调节。由于指示液与玻璃管会发生毛细现象，所以在自制液柱式压强计时，应当选用内径不小于 5 mm (最好要大于 8 mm)的玻璃管，以减小毛细现象引起的误差。

液柱式压强计一般仅用于测量 1×10^5 Pa 以下的正压或负压(或压差的场合)，这是因为受玻璃管的耐压能力和长度所限。

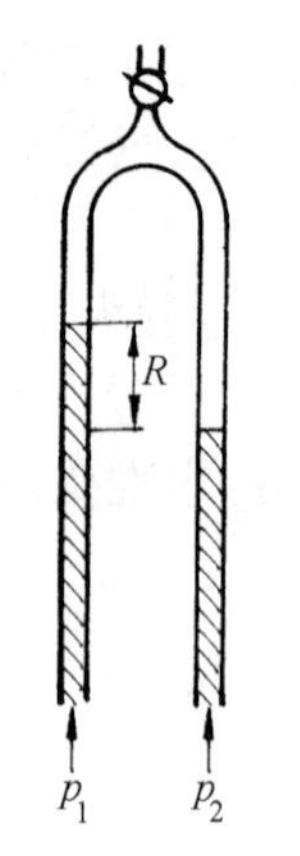

图 2-8 倒 U 形管压强计

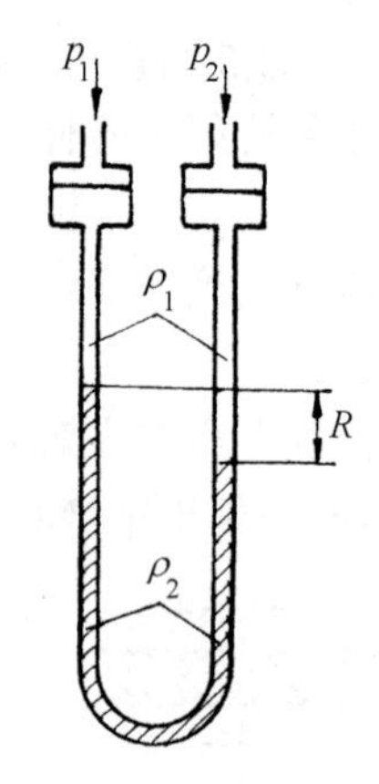

图 2-9 双液柱压强计

2) 弹性式压强计

弹性式压强计是根据弹性元件受压后产生弹性形变而引起位移的性质制作的。目前在实验室中最常见的是弹簧管压强计(或称波登管压强计),它的测量范围宽,应用广泛。

(1) 弹簧管压强计。弹簧管压强计中心部分是一根成弧形的扁椭圆状的空心管,管的一头封闭,另一头与测压点相接(见图 2-10)。受压后,此管发生弹性形变(伸直或收缩),微小的位移量由封闭着的一头带动机械传动装置使指针显示相应力值。该压强计用于测量正压的称为压力表,测量负压的称为真空表。

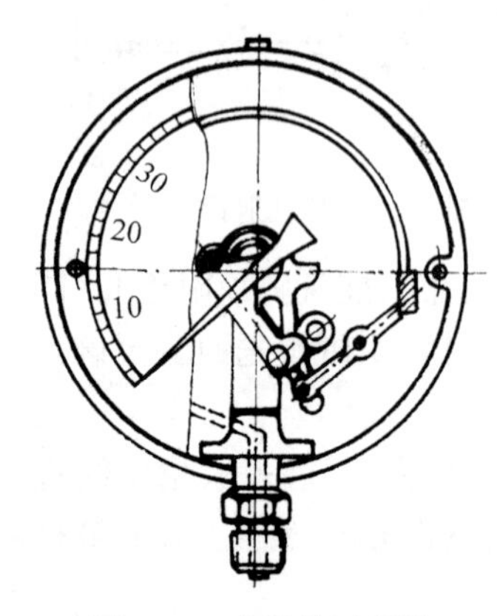

图 2-10 弹簧管压强计

(2) 模式差压计。模式差压计的测压弹性元件是平面膜片或柱状的波纹管,受压后引起变形和位移。位移量通过放大机构以指针显示压差值,或将位移量的信息转化成电信号。后者称为压差变送器或压力变送器。压差(或压力)变送器借助于测压元件(弹性元件)受压后的变形位移,经转换成电信号而实施压强或压差的测量。

这类压差、压强变送器的电信号能指示、记录和远距离传输。它能代替水银 U 形管压强计,消除水银的污染,但精确度比 U 形管压强计差。

2.1.2 压强测量要点

1) 正确选用压强计

(1) 要预先了解工质的压强大小、变化范围以及对测量精度的要求,从而选择适当量程和精度级的测压仪表。由于仪表的量程直接影响测量的相对误差,因此,选择仪表时要同时考虑精度和量程。

(2) 要预先了解工质的物性和状态,如黏度大小、是否具有腐蚀性、温度高低和清洁程度等。

(3) 了解环境的情况,如温度、湿度、振动的情况以及是否存在腐蚀性气体等。

(4) 压强信息是否需要远距离传输或记录等。

2) 测压点的选择

为了正确测得静压值,测压点的选择十分重要。它必须尽量被选在受流体流动干扰最小的地方，如在管线上测压，测压点应选在离流体上游的管线弯头、阀门或其他障碍物40～50倍管内径的距离，使紊乱的流线经过该稳定段后在近壁面处的流线与管壁面平行，从而避免了动能对测量的影响。倘若条件所限，不能保证（40～50）$d_{内}$ 的稳定段，可设置整流板或整流管，以消除动能的影响。

3）测压孔口的影响

测压孔又称取压孔。由于在管道管面上开设了测压孔，不可避免地扰乱所在处流体流动的情况，在流体流过孔时其流线会向孔内弯曲，并在孔内引起漩涡。因此从测压孔引出的静压强和流体真实的静压强存在误差。前人已发现该误差与孔附近的流动状态有关，也与孔的尺寸、几何形状、孔轴的方向、孔的深度及开孔处壁面的粗糙度等有关。实验研究证实，孔径尺寸越大，流线弯曲越严重，测量误差也越大。从理论上讲，测压孔口越小越好，但孔口太小导致加工困难，且易被脏物堵塞。另外，孔口太小，使测压的动态性能差，一般孔径为0.5～1mm。精度要求稍低的场合，可适当放大孔径，以减少加工的难度和防止脏物堵塞孔口。

4）正确安装和使用引压导管

引压导管是测压管或测压孔和压强计之间的连接导管，它的功能是传送压强。在正常状态下，引压导管内的流体是完全静止的，导管内的压强按静力学规律分布，即仅与高度有关。由此可知，测压点处的压强可从压强计的值求取。

为了保证在引压导管内不引起二次环流，管径应细小，但细而长的导管的阻尼作用很大，特别是当测压孔很小时阻尼作用更大，使灵敏度下降。因此，引压导管的长度应尽可能缩短。对于所测压强波动较大的场合，为使读数稳定，往往需要利用稳压导管的阻尼作用，此时可关小引压导管上的测压阀，或将引压管制作成盘形管。

在引压导管工作过程中，必须防止两种情况：阻塞和泄漏，否则会给测量带来很大的误差。在测量气体压强时，往往由于液滴或尘埃被带入引压导管而导致导管堵塞；在测量液体压强时，往往因导管内残留空气而被堵塞。为此，引压导管最好能垂直安装或至少不小于1∶10的倾斜度，并在其最低处安装集灰集液斗，或在最高处安装放气阀。引压导管安装时要注意密封性，否则将使测量值较大地偏离真值，对此实验工作者要引起足够的重视。

2.2　流量的测量方法

流量是指单位时间内流过管截面的流体量。若流过的量以体积表示，称为体积流量 q_V；以质量表示，称为质量流量 q_m。它们之间的关系为

$$q_m = \rho q_V$$

式中，ρ 为被测流体的密度。

ρ 随流体的状态而变。因此，以体积流量描述时，必须同时指明被测流体的压强和温度。为了便于比较，以标准状态下，即 1.013×10^5 Pa、温度20℃的体积流量表示。

由于流量是一种瞬时特性，在某短时间内流过的流体量可以用在该段时间间隔内流量对时间的积分而得到，该值称为积分流量或累计流量。它与相应的间隔时间相比，称为该段时间内的平均流量，或简称为流量。

鉴于流量的表示方法有体积和质量两种，故最简单的流量测量方法是量体积法和称重法。

它们是从测量流体的总量(体积或质量)和间隔时间而得到的平均流量(或流量),一般用于缺乏测量仪表和流体量很小的场合。

目前测量流量的仪表大致可分为速度法、体积法和质量流量法三类。

2.2.1　速度式测量方法

速度式测量方法是以直接测量管道内流体的流速 u 作为流量测量的依据。若测得的是管道上的平均流速 $\bar{u}$,则流体的体积流量为

$$q_V = \bar{u} A$$

式中,A 为管道截面积。

若测得的是管道中的某一点的流速 u,则

$$q_V = KuA$$

式中,$K = \bar{u}/u$,为速度分布系数。

速度分布系数和流体在管道中的流动状态有关。由理论和实验得知,动态流动时圆管中心处的速度分布系数对于层流为 $K = 0.5$;对于充分发达的湍流为 $K = 0.8$。若在管中的入口段和阀门、弯头等管件之后,流线紊乱,流态不稳定,速度分布系数为不定值。为了保证速度式流量测量仪表的测量精度,要求在仪表的前后保持一定的直管段或设置整流装置。

属于速度式测量的仪表种类繁多,本节仅介绍实验和工程中常用的几种。

1) 测速管

测速管(Pitot tube,也称皮托管)的装置如图 2-11 所示。由于 A 点速度为零,根据能量守恒方程可得:

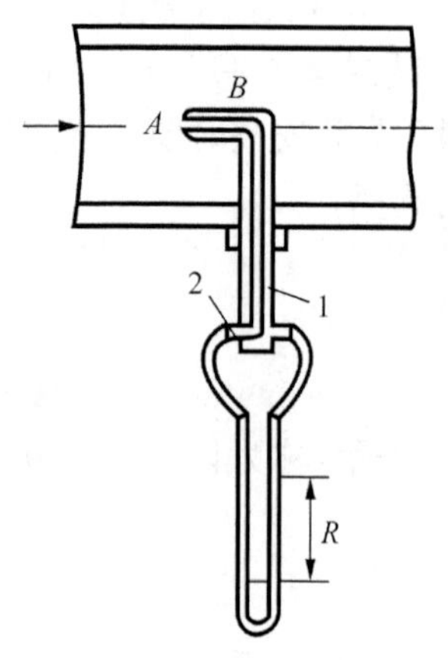

图 2-11　皮托管

$$u = \sqrt{\frac{2R(\rho_i - \rho)g}{\rho}} \tag{2-3}$$

为了使流场不致干扰,被测的管道内径与测速管直径之比应大于 50。

测速管测得的是流体的点速度,若用它测定管道面上的平均速度,必须在管截面上通过选定若干个测速点,然后求取其所测流速的平均值。测速点符合“对数-线性”模型,即管截面上的流速分布符合如下数学模型:

$$u = A\lg y + By + C$$

式中,y 为测速点到管壁的距离;A、B、C 为常数。

测速管安装时要注意:

(1) 探头一定要对准来流,任何角度的偏差都会造成测量误差。

(2) 测速点位于均匀流段。为此,上下游均应保持有 $50d$ 以上的直管距离。

测速管常用于气体流速的测量。测速范围为 0.6～60 m/s,其下限受压强计的精度限制,上限受气体压缩性的影响。若用在测定平均速度和体积流量时,则实验工作量大,而且要经过数据处理,才能获得相应的数据。因此,一般仅用于工况比较稳定的测试工作,或用于大口径

的流量计的标定工作。

2）孔板流量计和喷嘴流量计

孔板流量计和喷嘴流量计都是基于流体的动能和势能相互转化的原理设计的。它们的基本结构如图 2-12 和图 2-13 所示。流体通过孔板或喷嘴时流速增加，从而在孔板或喷嘴的前后产生势能差。它可以在引压管和压差变送器上显示。

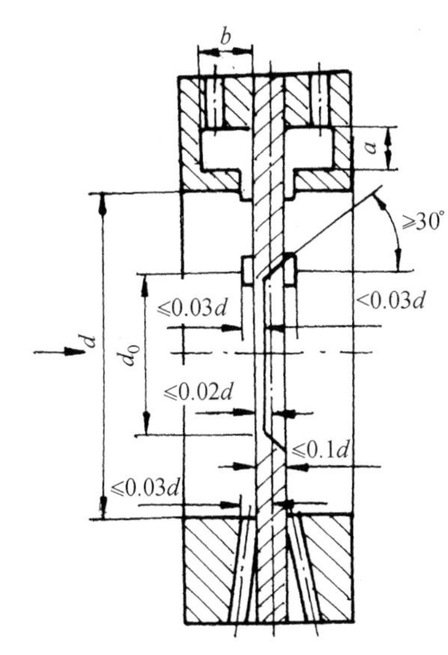

图 2-12　孔板结构尺寸

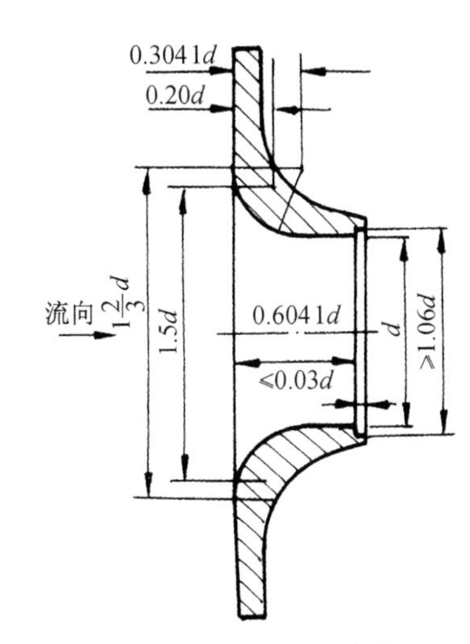

图 2-13　ISA1932 喷嘴

对于标准的孔板和喷嘴的结构尺寸、加工精度、取压方式、安装要求、管道的粗糙度等都有严格的规定，只有满足这些规定条件及制造厂提供的流量系数时，才能保证测量的精度。

非标准孔板和喷嘴是指不符合标准孔板规范的，如自己设计制造的孔板。对于这类孔板和喷嘴，在使用前必须进行校正，取得流量系数或流量校核曲线后才能投入使用。在设计制造孔板时，孔径的选择要根据流量大小、压强计的量程和允许的能耗综合考虑。为了使流体的能耗控制在一定范围，并保证仪表的灵敏度，孔径 d 和管径 D 之比推荐为 0.45～0.50。

孔板和喷嘴的安装一般要求保持上游有(30～50)D 和下游有不小于 5D 的直管稳定段。孔口的中心线应与管轴线相重合。对于标准孔板或是已被确定了流量系数的孔板，在使用时不能反装，否则会引起较大的测量误差。正确的安装是孔口的钝角方向与流向相同。标准孔板采用角接取压或法兰取压，采用角接取压使用时按要求连接。

孔板流量计结构简单、使用方便，可用于高温高压场合，但流体流经孔板能耗较大。不允许能量消耗过大的场合可采用文丘里流量计。其原理与孔板类同，此处不再赘述。按照文丘里流量计的结构，设计制成的玻璃毛细管流量计能测量小流量。它已在实验中获得广泛使用。

3）转子流量计

转子流量计又称浮子流量计，如图 2-14 所示。它是实验室最常见的流量仪表之一。特点是量程比较大，可达 10∶1，直观，势能损失小。它适合于小流量的测量。

若将转子流量计的转子与差动变压器的可动铁芯连接成一体，使被测流体的流量值转换成电信号输出，可实现显示和远传的目的。其原理如图 2-15 所示。

转子流量计安装时要特别注意垂直度,不允许有明显的倾斜(倾角要小于 2°),否则会带来测量误差。为了检修方便,应在转子流量计上游设置调节阀。由于转子流量计在出厂前经过标定,一般标定条件如下:介质为水或空气,介质状态为 1.013×10^5 Pa、20℃。若使用条件和工厂标定条件不符,则需修正或现场重新标定。

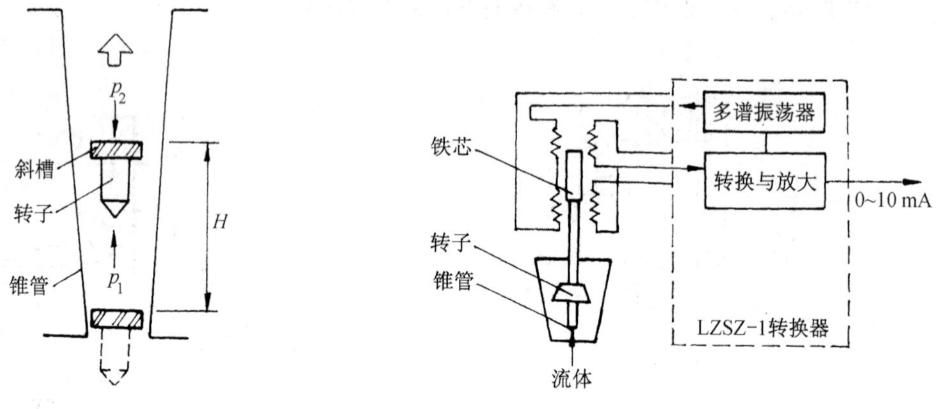

图 2-14　转子流量计原理　　图 2-15　电动转子流量计原理

4) 涡轮流量计

涡轮流量计是一种速度式测量精度较高的测量仪表。其精度为 0.5 级。它由涡轮流量变送器和显示仪表组成。涡轮流量变送器如图 2-16 所示。当流体通过时冲击涡轮的叶片,涡轮发生旋转。在一定流量范围和流体黏度下,涡轮的转速和流速成正比。当涡轮转动时,涡轮叶片切割置于该变送器壳体上的检测线圈所产生的磁力线,致使周期性地改变检测线圈电路上的磁阻,使通过线圈的磁通量发生周期性变化,检测线圈产生脉冲信号,即脉冲数。仪表上显示的脉冲数与流量成正比,其比值称为涡轮变送器的流量系数(脉冲数/升)。

由于影响流量系数的因素很多,其值由实验测定,在允许的流量范围内取得其平均值。每一个涡轮变速器都有一个流量系数,相互不能混淆,而且必须在相应的流量和黏度范围内使用,否则,有较大的测量误差。

为了保证涡轮流量计的测量精度,除了正确选用流量系数值外,涡轮变送器必须水平安装,并保持变送器前后有一定的直管段,一般上游段为 $20D_g$,下游段为 $15D_g$(D_g 为涡轮流量计的公称直径)。同时要保证被测介质的洁净度,减少轴承的磨损,防止涡轮被卡住。因此,应在变送器前附加过滤装置。

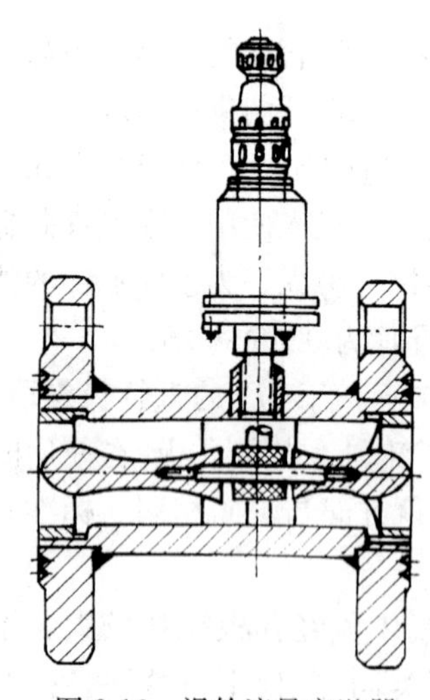

图 2-16　涡轮流量变送器

2.2.2　体积式测量方法

体积式测量方法又称容积式测量方法,它通过单位时间内由流量仪表排出 N 倍标准体积的流体来实现。以 V 表示标准体积,则流体的体积流量为

$$q_V = V \times N$$

1）湿式气体流量计

湿式气体流量计如图 2-17 所示。绕轴转动的转鼓被隔板分成四个气室，气体通过轴从仪表背面的中心进气口引入。气体的进入推动转鼓转动，并不断地将气体排出。转鼓每转动一圈，有四个标准体积的气体排出，同时通过齿轮机构由指针或机械计数器计数，也可以将转鼓的转动次数换成电信号作远传显示。湿式气体流量计在测量气体体积总量时，其准确度较高，特别是小流量时，它的误差比较小。它是实验室常用的仪表之一。

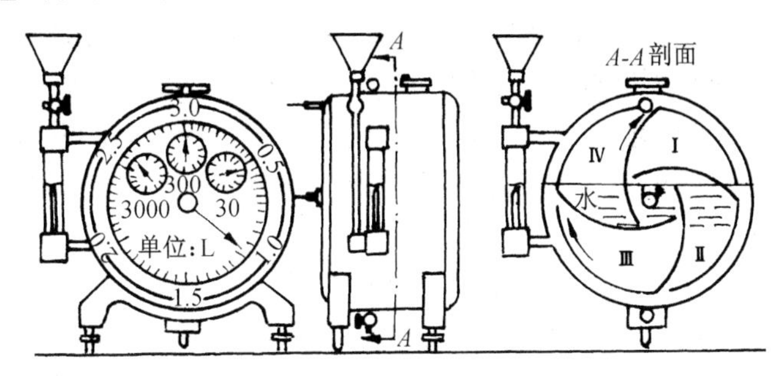

图 2-17　湿式气体流量计

湿式气体流量计每个气室的有效体积是由预先注入流量计内的水面控制的，所以在使用时必须检查水面是否达到预定的位置，安装时，仪表必须保持水平。

2）皂膜流量计

皂膜流量计由一根具有上下两条刻度线指示的标准体积的玻璃管和含有肥皂液的橡皮球组成，如图 2-18 所示。肥皂液是示踪剂。当气体通过皂膜流量计的玻璃管时，肥皂液膜在气体的推动下沿管壁缓缓向上移动。在一定时间内皂膜通过上下标准体积刻度线，表示在该时间内通过由刻度线指示的气体体积量，从而可得到气体的平均流量。

为了保证测量精度，皂膜速度应小于 4 cm/s，安装时应保证皂膜流量计的垂直度。每次测量前，按一下橡皮球，使在管壁上形成皂膜以便指示气体通过皂膜流量计的体积。为了使皂膜在管壁上顺利移动，使用肥皂液润湿管壁。

皂膜流量计结构简单，测量精度高，可作为校准流量计的基准流量计。它便于实验室制备。推荐尺寸有管子内径为 1 cm、长度为 25 cm 和管子内径为 10 cm、长度为 100～150 cm 两种规格。

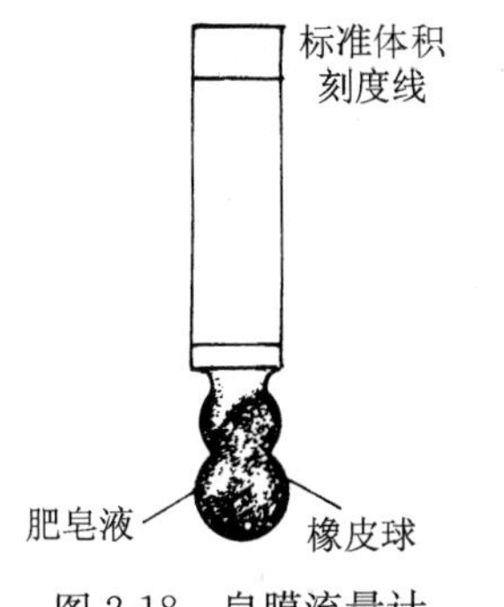

图 2-18　皂膜流量计

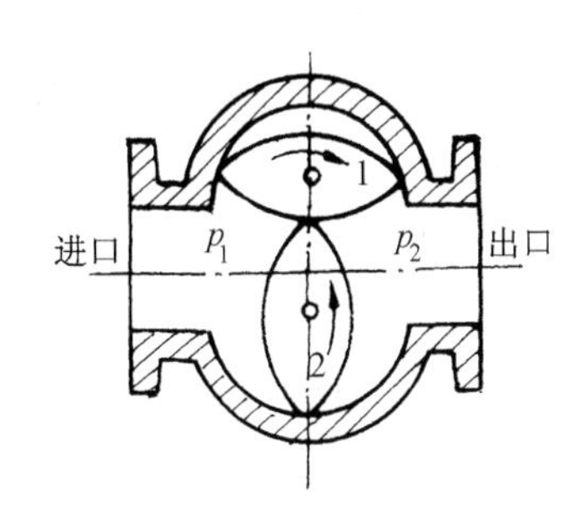

图 2-19　椭圆齿流量计

3）椭圆齿流量计

椭圆齿流量计适用于黏度较高的液体，如润滑油的计量。它是由一对椭圆状互相啮合的齿轮和壳体组成。在流体压差的作用下,各自绕其轴旋转。每旋转一周排出四个齿轮与壳体间形成月牙形体积的流体,如图 2-19 所示。

此外,在实验室中也经常以计量泵作为液体的计量工具,这时需保持泵的转速或往复速度稳定,以保证计量的准确度。

2.2.3 流量计的校正

对于非标准化的各种流量仪表,如转子、涡轮、椭圆齿轮等流量计仪表制造厂在出厂前都进行了流量标定,建立流量刻度标尺,或给出流量系数、校正曲线。必须指出,仪表技术状况下标定得到的上述数据在实验室或生产上应用时,往往和原来标定时的条件不同。为了精确地使用流量计,应在使用之前进行现场校正。另外,对于自行改制(如更换转子流量计的转子)或自行制造的流量计,更需要进行流量计的标定。

安装被标定的流量计时,必须保证流量计前后有足够长的直管稳定段。对于大流量的流量计,标定的流程和小流量的类同,仅用标准计量槽、标准气柜代替上述的量筒、标准容量瓶等。以皂膜流量计为基准流量计进行小流量的气体流量计标定为例,其标定的过程是:

(1) 安装有关的装置和仪表,安装流程如图 2-20 所示。

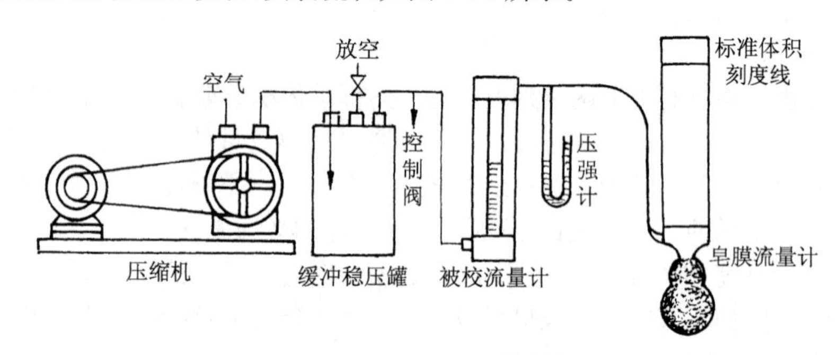

图 2-20 小流量气体流量计的标定

(2) 皂膜流量计的橡皮球中装满肥皂液,并接到流量计的下端,同时使肥皂液润湿管壁。

(3) 开启气体入口阀,调节被标定流量计的指示读数。

(4) 捏一下橡皮球,使之形成皂膜,并在气体推动下沿管壁缓慢上升。

(5) 记录皂膜通过皂膜流量计标准体积 V 上、下刻度线所需时间 τ。

重复(4)、(5)的操作 N 次,得到一套流量标定数据,计算各点的体积流量 q_V。

最后,以实测流量与仪表读数(或刻度)标绘成校正曲线。

2.3 温度的测量方法

温度是表征物体冷热程度的物理量。温度不能够直接测量,只能借助于冷、热物体之间的热交换以及物体的某些随冷热程度不同而变化的物理特性进行间接测量。任意选择某一物体与被测物体相接触,物体之间发生热交换,即热量将由受热程度高的物体向受热程度低的物体传递。当接触时间充分长,两物体达到热平衡状态时,选择物的温度和被测物的温度相等。通过对选择物的物理量(如液体的体积、电阻等)的测量,便可以定量地给出被测物体的温度值,从而实现被测物体的温度测量。

2.3.1 生物工程生产和实验中常用的温度计

基于上述的测温原理和物体的物理性质，常用的温度计有热膨胀式、电阻式、热电效应和热辐射式等。现将前三类温度计分别介绍如下。

1）玻璃液体温度计

玻璃液体温度计是借助于液体的膨胀性质制成的温度计。它是生产上和实验中最常见的一类温度计，如水银温度计和酒精温度计。这种温度计测温范围比较狭窄，范围为 80～400℃，精度也不太高，但比较简便，价格低廉，在生产和实验中得到广泛的使用。按用途可分为工业用、实验室用和标准水银温度计三种。

2）电阻温度计

电阻温度计由热电阻感温元件和显示仪表组成。它利用导体或半导体的电阻值随温度变化的性质进行温度测量。

（1）电阻感温元件。常用的电阻感温元件有铂电阻、铜电阻和半导体热敏电阻等。铂电阻的特点是精度高、稳定性好、性能可靠。它在氧化性介质中，甚至在高温下的物理、化学性质都非常稳定。但在还原介质中，特别是在高温下很容易被从氧化物中还原出来的蒸气所玷污，容易使铂条变脆，并改变它的电阻与温度间的关系。铂电阻的使用温度范围为－259～630℃。它的价格较贵。铜电阻感温元件的测温范围比较狭窄，物理、化学的稳定性不及铂电阻，但价格低廉，并且在－50～50℃范围内电阻值与温度的线性关系好，因此铜电阻应用较普遍。半导体热敏电阻为半导体温度计的感温元件。它具有抗腐蚀性能良好、灵敏度高、热惯性小、寿命长等优点。

（2）显示仪表。电阻温度计一般的显示仪表有动圈式仪表、平衡电桥和电位差计。实验室常采用电位差计和手动平衡电桥。手动平衡电桥的工作原理如图 2-21 所示。由锰铜线绕制的已知电阻 $R_2=R_3$，R_1 是可变电阻，R_T 是热电阻，G 是检流计，E 为工作电池。当 R_T 随温度发生变化时，桥路平衡被破坏，调节可调电阻 R_1 的电阻值，使桥路重新达到平衡，并由检流计检验其平衡程度。R_1 的标尺上可直接标上相应的温度值。R_P 是工作电池微调电阻。

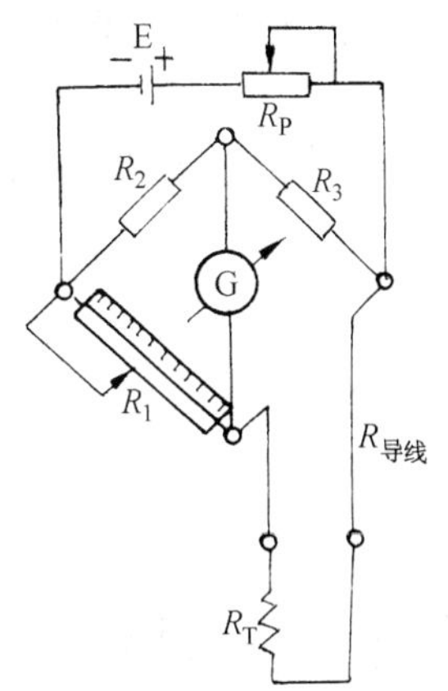

图 2-21 手动平衡电桥工作原理

3）热电偶温度计

热电偶温度计由热电偶和显示仪表及连接导线组成。热电偶是一种感温元件，借助于两种不同材质的导体或半导体焊接或铰接成一个闭合回路，当一个接点的温度不同时，由热电效应在闭合回路中产生热电动势的特性进行温度测量。在实验室中常采用冰浴法来保持冷端温度恒定不变或消除冷端温度变化对测量的影响。常用热电偶有铂铑 10%-铂热电偶、镍铬-镍硅（或镍铬-镍铝）热电偶、镍铬-考铜热电偶、铂铑 30%-铂铑 6%热电偶等。

热电偶的显示仪表一般有动圈式仪表、直流电位差计、电子电位差计和数字电压表等。在实验室中使用电位差计比较多，其测量原理借助于电压平衡，即用已知的电压去平衡欲测的电势，当在测量的回路中电流等于零时，显示出来的已知电压值为被测的电势值。

2.3.2 温度测量的要点

1) 正确地选择温度计

在选用温度计之前,要了解如下情况。

(1) 测量的目的、测温的范围及精度要求。

(2) 测温的对象:是流体还是固体;是平均温度还是某点的温度(或温度分布);是固体表面还是颗粒层中的温度;被测介质的物理性质和环境状况等。

(3) 被测温度是否需要远传、记录和控制;在测量动态温度变化的场合,需要了解对温度的灵敏度的要求。

2) 温度计的校正和标定

在使用任何测温仪表之前,必须了解该仪表的量程、分度值和仪表的精度,故需对该仪表进行标定或校正。对于自制的测温仪表,如自制的热电偶,在使用前需进行标定。对于已修复的受损温度计和精密测量的温度计,更需进行温度计的校正。

(1) 校正和标定的方法。温度计的校正和标定有直接法和基准温度计法。前者是在测量温度范围内选定几种已知相变的基准物,如水的三相点(水的固态、液态和气态三相间的平衡点)为 273.15 K;在标准大气压下,水的沸点为 373.15 K、锌的凝固点(锌的固态和液态间的平衡点)为 692.73 K、金的凝固点(金的固态和液态间的平衡点)为 1 337.58 K 等,将被测温度计(或感温元件)插入所选基准物中进行标定和校正。

(2) 标定和校正的流程。玻璃温度计的校正只要一个满足精度的恒温槽,在槽内盛相应的介质,将基准温度计和被校温度计一起插入即可。

热电偶和热电阻的标定,除了将感温元件(热电偶或热电阻)和基准温度计一起插入恒温槽之外,热电偶与热电阻的校正需按一定流程配置,分别如图 2-22、图 2-23 所示。必须注意,感温元件与基准温度计的水银温包须插在恒温槽的同一水平面。

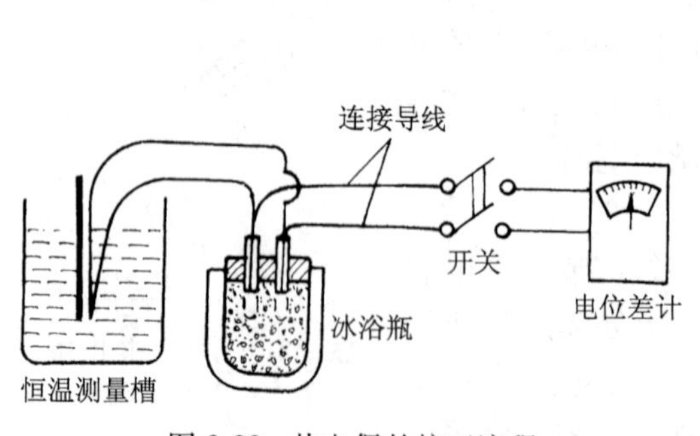

图 2-22 热电偶的校正流程

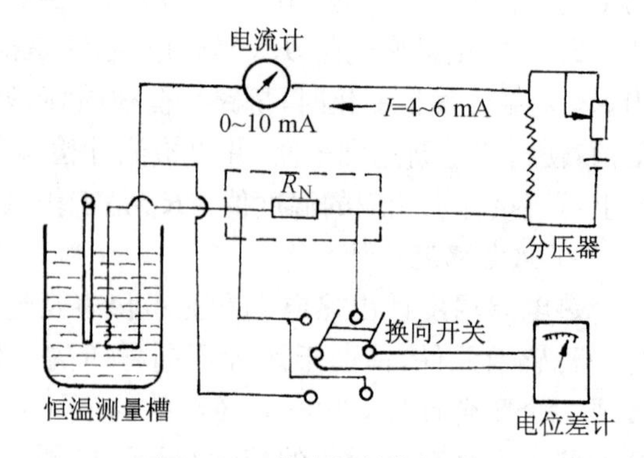

图 2-23 热电阻的校正流程

2.3.3 温度计的安装

接触式温度计,如玻璃温度计、热电偶、热电阻等的感温元件必须和被测介质接触,以实施两者间的传热过程。为了减小感温元件所测得的温度和介质的实际温度之间的误差,要选择适当的测温点进行温度计的安装。

1）流体温度的测量

为了减小感温元件的传热损失以及提高感温元件所在处的传热性能，在温度计安装时需要注意以下几点。

（1）选择适当的测温点。测温点应该选在流体流动程度比较大的地方。这样可获得较高的传热性能即提高给热系数 α。温度计安装在弯头处，把感温元件引向来流。

（2）增大温度计的受热面积。为了保证温度计的受热面积，需保证温度计的插入深度，一般插入 150～300 mm。若在小管道测温，则不能保证这样的深度，为了保证测温精度，需把测温点处的管径适当扩大，或采取其他措施。为了减少散热量，应尽量使温度计插入管道内，以减少向周围环境的散热面积，并且将温度计的暴露部分以及相应的管道或设备加以良好的保温。

（3）若温度计需要用保护套管时，保护套管须采用导热性能差的材料，如陶瓷、不锈钢等，且以选用细长的薄壁管为宜。当采用导热性能差的保护管套时，它可使温度计的灵敏度下降而导致动态性能差，为此可在套管内填充变压器油、铜屑等以克服此弊病。

在测量高温气体的温度时，由于管壁向环境的散热以热辐射的方式传递，故散热量与温度的四次方差成正比。如果安装温度计时未采取适当措施，就会导致很大的测温误差。一般的措施是在温度计外设置防辐射的隔离罩或用抽气的方法提高温度计周围的气体速度，得到较大的给热系数，以减少测量误差。

2）壁面温度的测量

测量壁面温度一般采用热电偶。它能测量壁面上某点温度，且测温精度高。但热电偶固定在被测壁面上，壁面的热量将沿着热电偶丝以传导方式向环境散发，致使被测壁面的温度场发生变化，故热电偶所测得的温度并非真实温度，而是变化后的温度场的温度，因此存在测温误差。

实验室中在壁面上固定热电偶的方法有以下三种：

（1）点接触。点接触固定法是将热电偶的工作端用焊接或嵌接方式固定在壁面上某点。前者用于薄壁，后者用于厚壁，如图 2-24 所示。这种结构致使通过热电偶丝散失的热量 Q 仅由该点供应，温度场变化较大，故测温误差较大。

（2）平行焊接触。平行焊接触是将热电偶的两根丝分别焊在被测壁面上，两焊点的间距保持 1～5 mm，如图 2-25 所示。由于热电偶散失的热量来源于两根电热丝之间的一个小区域，故单位面积散失的热量较小，温度场的变化不大，测温误差不大。它适用于等温体和均匀材质的壁面。

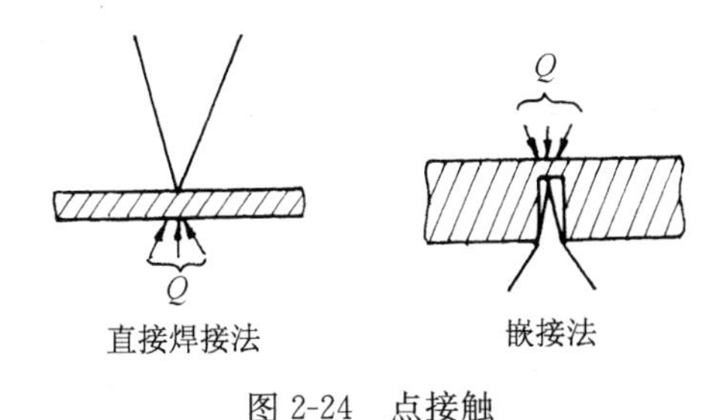

图 2-24　点接触

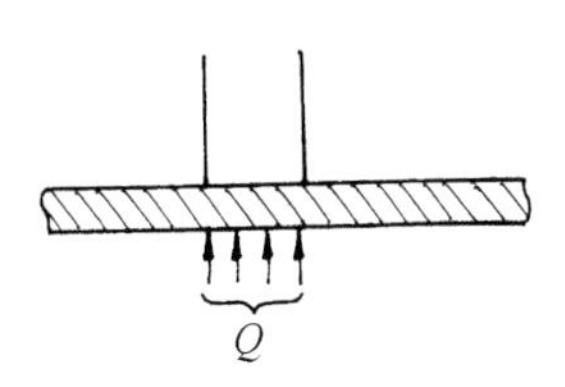

图 2-25　平行焊接触

（3）等温线接触。等温线接触是热电偶的工作端同壁面某点接触后，电偶丝沿等温面敷设一段距离（约 50 倍热电偶的直径）后引出（见图 2-26），这种固定方法的测温误差最小，是试验研究中应用最广泛的方法。

对于非金属壁面,往往先将热电偶焊接在导热性能良好的金属薄片上,如铜片,然后将该薄片和壁面精密接触,由此可得到满意的测量结果。

若被测壁面的一侧是流体,需注意热电偶丝固定在壁面上以后流体流动受到影响引起流动场的改变,相应地改变了流体与壁面间的传热情况和壁面温度场,产生较大的测温误差。为了减少对流体流动的影响,推荐采用如图 2-26(b)所示的嵌接法,并在焊接后将表面磨光,保持壁面的平滑。同时,热电偶导线必须从流体的下游引出,使导线对流动的影响发生在测温之后,从而使测温误差达到最小。

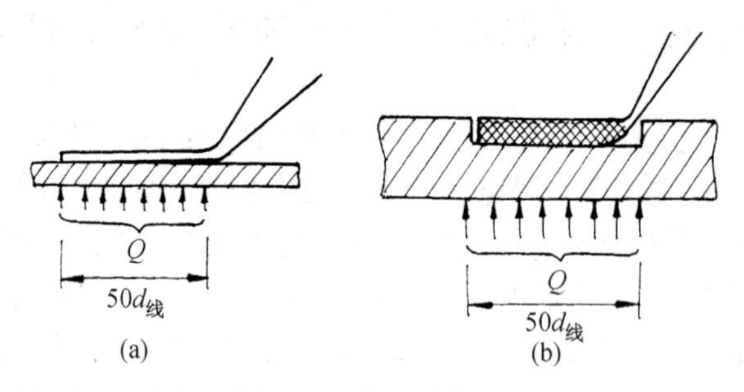

图 2-26　等温线接触

测量壁面温度时尚需注意测温点的选择。根据壁面测温的要求选取具有代表性的点作为测温点。如测量管子横断面的壁温,而且断面上存在温度分布,可选取几个测温点,由各点的温度平均值来表示该断面的壁温。

为了保证测量温度的精度,除了上述感温元件的安装之外,尚须注意测温显示仪表和导线的安装。如显示仪表是否远离电场、强磁场;导线是否需要屏蔽,导线的电阻是否有要求;仪表的型号、规格是否与感温元件匹配,其测量精度是否符合要求。总之,显示仪表的安装需要执行符合该仪表样本中规定的安装要求。

2.4　密度及其测量

密度的测量方法很多,常用的有以下几种:

(1) 直接测量法。即通过直接称取一定体积的物质所具有的质量来计算密度。

(2) 密度(比重)计法。它是工业上常用的测量液体密度的方法。密度计有不同的精密度和测量范围。比重计常分为轻表(测量密度在 10^3 kg/m^3 以下)及重表[测量密度为(1～2)× 10^3 kg/m^3];精密的比重计常为若干支一套,每支的测量范围较窄,可根据被测液体密度的大小来选择。

(3) 比重天平法。最常用的比重天平是韦氏天平。以 PZ-A-5 型液体比重天平(见图 2-27)为例。比重天平有一个标准体积与质量的测锤,浸没于液体之中获得浮力而使横梁失去平衡。然后在横梁的 V 形槽里放置相应质量的砝码,使横梁恢复平衡,从而能迅速测得液体比重。

使用方法:先将测锤 5 和玻璃量筒用纯水或酒精洗净。再将支柱紧固螺钉 4 旋松,用托架 1 升到适当高度。把横梁 2 置于托架之玛瑙刀座 3 上。用等重砝码 7 挂于横梁右端之小钩上。调整水平调节螺钉 8,使横梁与支架指针尖成水平,以示平衡。如无法调节平衡时,将平衡调节器 9 上的小螺钉松开，然后略微转动平衡调节器 9 至平衡为止。将等重砝码取下换上测锤。如果天平灵敏度太高则将重心调节器 10 旋低，反之旋高。一般不必旋动重心调节器。然后将待测液体倒入玻璃量筒内，将测锤浸入待测液体中央。由于液体浮力使横梁失去平衡，在横梁 V 形刻度槽与小钩上加放各种砝码使之平衡。在横梁上砝码的总和即为测得液体的比重数值。读数方法如表 2-1 所示。

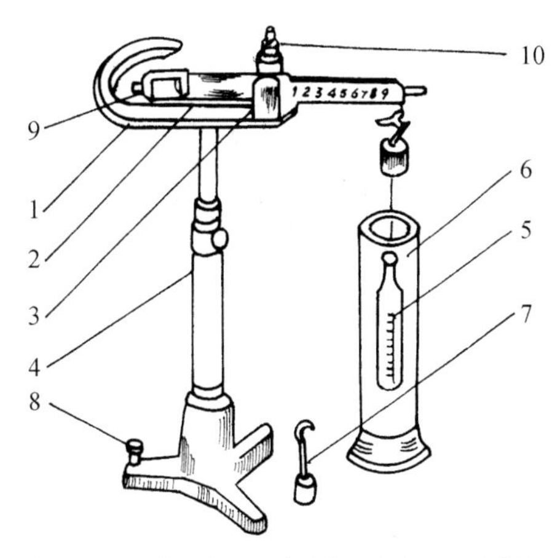

1—托架；2—横梁；3—玛瑙刀座；4—支柱紧固螺钉；5—测锤；6—玻璃量筒；
7—等重砝码；8—水平调节螺钉；9—平衡调节器；10—重心调节器。

图 2-27　PZ-A-5 液体比重天平

表 2-1　PZ-A 液体比重天平砝码

放在小钩上与 V 形槽砝码等质量	5 g	500 mg	50 mg	5 mg
V 形槽上第 10 位代表数	1.0	0.1	0.01	0.001
V 形槽上第 9 位代表数	0	0.09	0.009	0.000 9
V 形槽上第 8 位代表数	0	0.08	0.008	0.000 8

比重天平的测量精度高，数据可靠，对于挥发性较大的液体亦可得到较准确的结果。但测量时被测液体的用量较大（达数百毫升），且应用范围受测锤的比重的限制。

（4）比重容器法。这类方法可测量液体、固体和气体物质的密度。所用的测量仪器有比重管和比重瓶。图 2-28 是几种比重瓶（管）的构造。

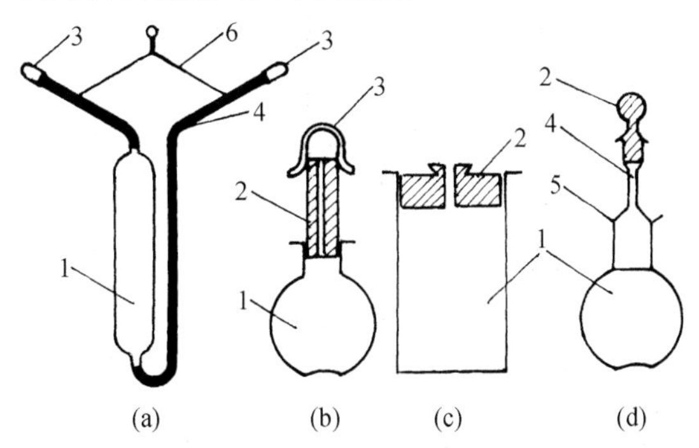

1—比重瓶（管）主体；2—磨口瓶塞；3—防蒸发盖；4—定容量刻度线；5—磨口；6—比重管悬丝。

图 2-28　几种比重瓶（管）的构造

图 2-28(a)为比重管,它是测定液体密度的专用仪器。图 2-28(b)～(d)为比重瓶,其中图 2-28(c)主要用于测定黏度大的液体和较大块固体的密度,图 2-28(d)专用于测量固体的密度。

2.5 黏度测定方法

2.5.1 毛细管黏度计

用玻璃制成的毛细管黏度计应用广泛。一般都用直立的毛细管并弯成 U 形管。一定量待测液体在恒温下通过毛细管,保持管端压差,测定流动时间就可求出黏度。根据泊肃叶方程,液体通过毛细管的流量与管半径四次方和管出口压差成正比,与管长和黏度成反比,即

$$q_V=\frac{\pi pR^4}{8\mu L} \tag{2-4}$$

式中,R 为毛细管半径(cm);p 为管两端压差(Pa);L 为毛细管长度(cm);μ 为黏度(Pa·s);q_V 为液体流量(cm^3/s)。

当仪器确定后,R、L、V 均为常数,流量为 $q_V=V/t$,V 是流过毛细管的液体体积(mL);t 是液体体积 V 通过毛细管所需的时间(s);于是黏度公式可写成:

$$\mu=\frac{\pi ptR^4}{8LV} \tag{2-5}$$

式(2-5)为实验室测定黏度的重要方程。实验室常用的玻璃毛细管黏度计种类很多,其结构如图 2-29 所示。

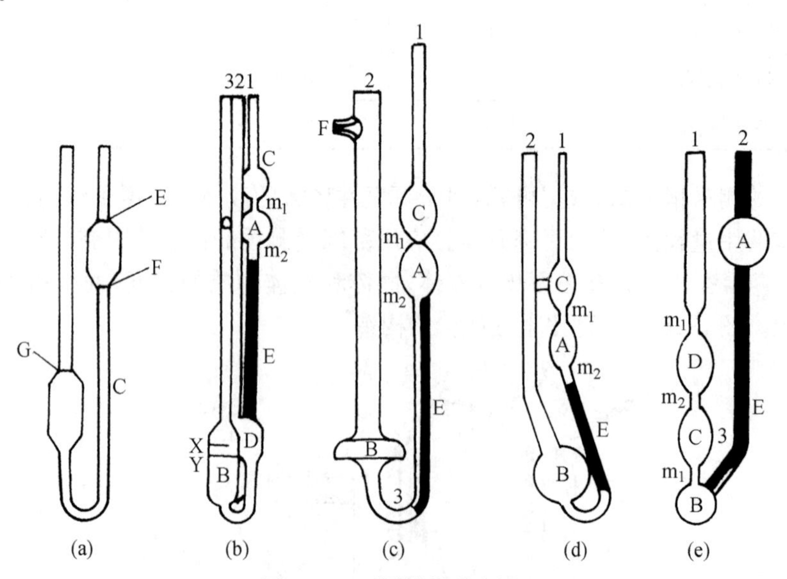

图 2-29 不同结构黏度计

(a) 奥氏黏度计:G,E,F—刻线;C—毛细管;
(b) 乌氏黏度计:X,Y,m_1,m_2—刻线;E—毛细管;B,D—储器;A,C—球体;
(c) 平氏黏度计:m_1,m_2—刻线;A,C—球体;B—储器;E—毛细管;
(d) 芬氏黏度计:A,B,C—球体;m_1,m_2—刻线;E—毛细管;
(e) 逆流黏度计:m_1,m_2,m_3—刻线;A,B,C,D—球体;E—毛细管

2.5.2　旋转黏度计

此黏度计应用也很普遍，市场上有该仪器出售。其工作原理如图 2-30 所示。

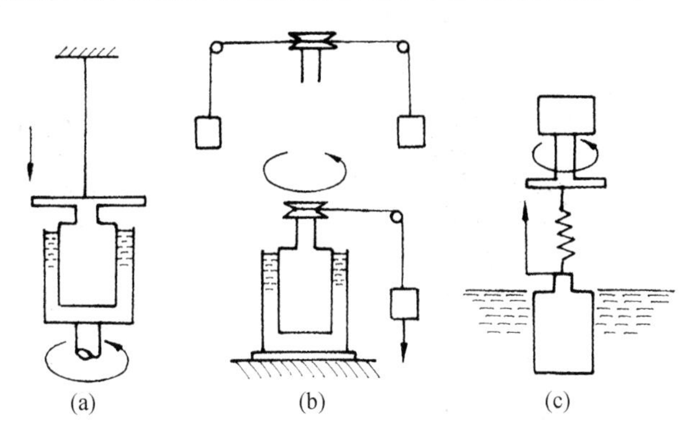

图 2-30　旋转黏度计工作原理图

同心轴上放有两个能旋转的圆筒，中间有一定间隙，在此间隙处放有待测液体。让其中一个圆筒转动，则另一个圆筒由于受液体黏滞影响也会随之转动。若内部圆筒悬挂一根钢丝，则转动到一定角度后必然不再转动。这是由于外筒旋转造成内筒表面受剪切力而产生力偶矩所致。当内筒上的反力偶矩与它相等时就处在平衡状态，这时内筒转角必定和外筒转动角速度对应，由此可算出黏度。

此类黏度计有内筒旋转测内筒上的转矩[见图 2-30(b)和(c)]、外筒旋转测内筒上的转矩[见图 2-30(a)]、内筒旋转测外筒上转矩等形式。测量转矩可用光电系统、指针指示或滑轮带动重锤测下落速度等方法。实验室常用 B 型回转黏度计进行测量，这是一种便携式仪器，其结构如图 2-31 所示。

电动机经减速器带动测量弹簧和转盘转动，弹簧下端有指针。当转盘不与液体接触时，指针可指示在零刻度位置。与被测液体接触后，受到黏性力作用，弹簧就要旋紧。此时，指针会指示出偏转角度的数值。按动掣动钮，可使转盘旋转在平衡状态下停止，进而读出指针所指示的数值。

带有弹性偏转元件的测转矩装置很简单，性能也稳定。但这类黏度计的测距范围受到限制，必须有多种类型的转子。另外受弹簧扭力平衡自然周期长的限制，只能测 $5\times10^{-2}\sim 2\times10^{3}$ Pa·s 范围内的黏度，不能满足非牛顿流体的特性测定需要。而同心圆筒式黏度计和锥板式黏度计特别适于非牛顿流体特性测定。

锥板黏度计工作原理如图 2-32 所示，圆锥与平板之间有待测液体。若其夹角为 φ，钢丝弹簧常数为 k，旋转角为 θ，转矩是 $k\theta=M$，在旋转达到稳定时，角速度为 ω，则黏度为

$$\mu=\frac{3M\varphi}{2\pi r^{3}\omega} \tag{2-6}$$

式中，r 为锥板黏度计半径(cm)。

锥板黏度计结构如图 2-33 所示。测量头在上方，板在下方，锥与板间隙中加液体，电动机旋转，角电位器可把旋转角度变成电阻值进一步用表头指示。当转速也能测试时，可将扭矩和转速电信号同时输入其记录仪内。这时，可测得液体剪切应力和剪切速率的关系曲线。曲线上各点斜率就是该黏度。因此它是检测非牛顿流体黏度的理想仪器。

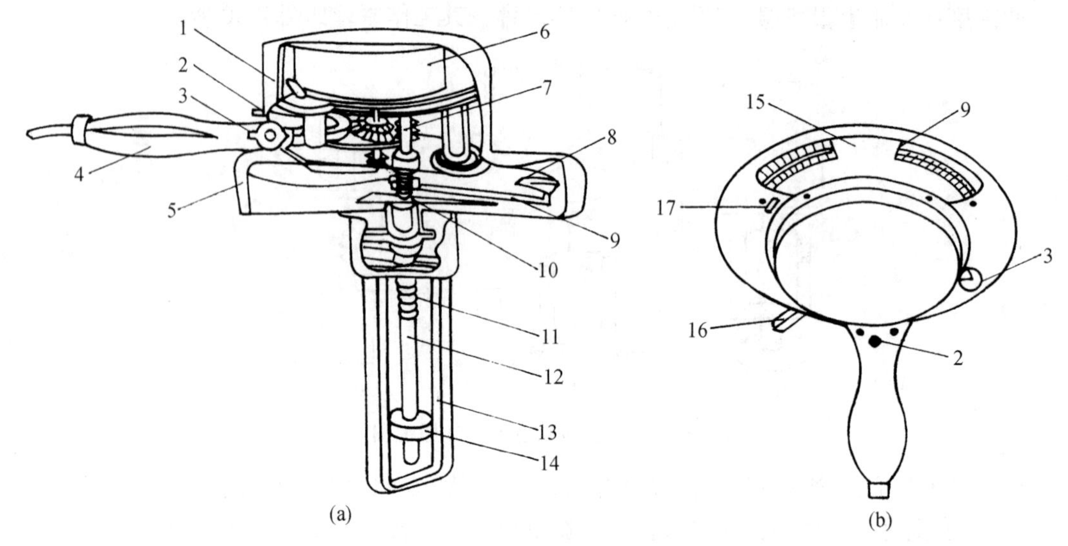

1—完全封闭罩;2—离合器操纵杆;3—变速按钮;4—把手;5—全铝外壳;6—同步电机;7—精密齿轮装置;8—刻度盘;9—非磁性指针;10—镀铜扭矩单元;11—转子接头;12—转子主轴;13—防护框(通常可移动);14—转子;15—刻度盘上标尺;16—电机开关;17—气泡水平仪。

图 2-31 B型回转黏度计结构示意图
(a) 内部结构图;(b) 俯视图

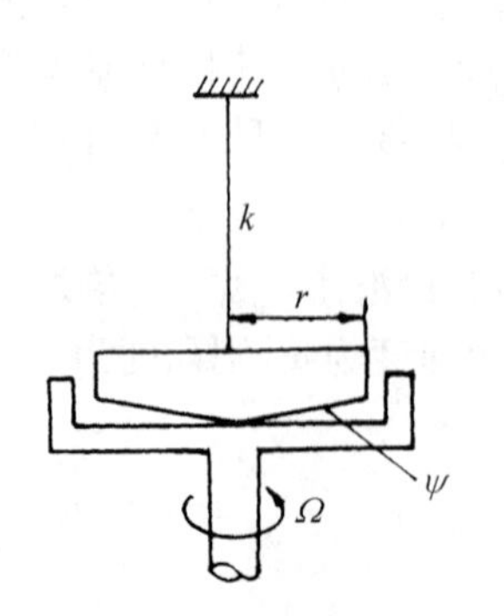

图 2-32 锥板黏度计工作原理图

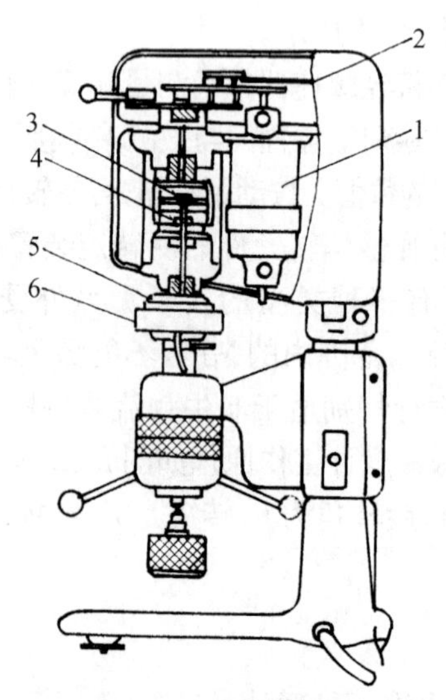

1—电动机;2—变速齿轮;3—测量扭矩弹簧;4—测角电位器;5—锥板测量系统;6—保温水套。

图 2-33 锥板黏度计结构

2.5.3　落体式黏度计

落体式黏度计是利用固体在液体中自由下落时的速度与液体黏度成反比关系的原理制成的。常用的落体式黏度计有下列几种。

1）落球黏度计

当圆球体在液体中因受到重力作用而加速，但同时又受到摩擦阻力作用，经过瞬时加速后达到一定速度下落，此时，液体给圆球的摩擦力等于重力，圆球沉降处于等速运动。

根据斯托克斯定律，小球的终端沉降速度为

$$u_t = \frac{d_p^2(\rho_p - \rho)g}{18\mu} \tag{2-7}$$

式中，d_p 为球体直径；ρ 为待测流体的密度；ρ_p 为球体的密度；u_t 为球体终端沉降速度；μ 为液体黏度。

因此，液体黏度可由下式计算得到：

$$\mu = \frac{d_p^2(\rho_p - \rho)g}{18u_t} = \frac{d_p^2(\rho_p - \rho)g}{18} \times \frac{t}{L} \tag{2-8}$$

式中，t 为圆球下落 L 距离的时间；L 为落下距离。

落球黏度计构造十分简单（见图 2-34），使用极其方便，精度较高。

把黏度计垂直装好（内装待测液体），小球从小玻璃管口落下，测定从 m_1 到 m_2 刻线所需的时间，用公式计算运动黏度。该法不适于测非牛顿流体黏度，但可检测高黏度的牛顿流体黏度。

2）滚球黏度计

滚球黏度计又称赫普勒黏度计。液体黏度可由下式求出：

$$\mu = K(\rho_p - \rho)t \tag{2-9}$$

式中，K 为仪器常数。该仪器的简单结构如图 2-35 所示。测量仪器圆筒外部有保温夹套，筒内刻有 m_1 和 m_2 两条环线。把液体装入测量筒内，调节位置使之与水平成 80°角，恒温后将圆

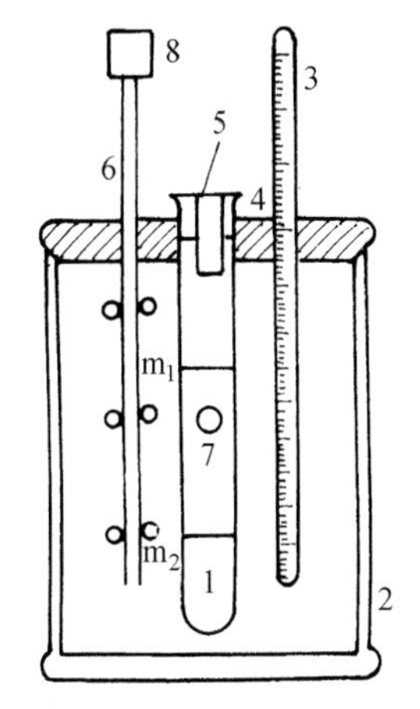

1—玻璃测定管；2—玻璃恒温槽；3—温度计；4—木塞；5—小玻璃管；6—搅拌器；7—球；8—电动机；m_1，m_2—刻线。

图 2-34　落球黏度计

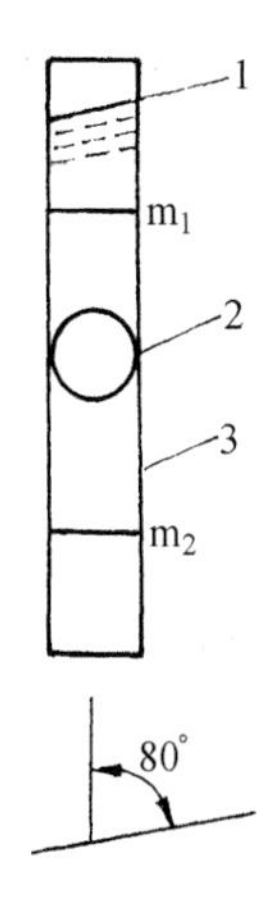

1—液面；2—滚球；3—测量圆筒。

图 2-35　滚球黏度计

筒转动180°角,使球回到筒上方,再转回原位置。测出球在两条环线间流动的时间,即可算出黏度。

这一测试方式精度较高,重现性好。测量筒直径为16 mm,长为200 mm。仪器附有精度较高的玻璃球或不锈钢球。该法不仅仪器结构简单,而且操作方便,能测定0.1～10^3 Pa·s黏度范围,适于高黏性流体。当有些毛细管黏度计不能测试高黏性液体时,可采用该黏度计测试。此外该仪器还可测试气体黏度,但不适用于非牛顿流体黏度测定。

2.5.4 高压黏度测定

上述各仪器都是在常压下使用,不能测定高压液体黏度,而高压流体黏度数据又很重要,因此,普遍用特制的仪器进行测试。

最常用的是高压毛细管黏度计。它可以用气体充压,推动活塞将液体压入毛细管,再用天平称量流出液体的质量,同时记录流出经过的时间和操作压力。此法能测高达10^6 Pa·s的黏度,最高压力可达35 MPa,温度为300℃,适用于非牛顿流体黏度测定。

2.5.5 黏度计的校准

绝对黏度测定要用蒸馏水为标准,其黏度为1.002×10^{-3} Pa·s。通常采用标准毛细管黏度计作某物质黏度与水黏度的比较,标定后再用标准液标定工作的黏度计。由于黏度范围较宽,必须备有多种黏度的标准液才能标定各量程的黏度计。一般标定10^{-4}～10^3 Pa·s内的黏度,其精度可在0.1%以内。

2.6 粒度及其测量

粒度测定方法很多,从最简单的操作装置到复杂的自动测定仪器,显示了粒度测定在工程应用中的重要性。实验室常用的方法如表2-2所示。下面分别介绍几种常用方法。

表2-2 粒度测定方法

测定方法	测定适用的粒度范围/μm
(1) 筛分法	>40
(2) 显微镜法	
光学显微镜	0.5～100
电子显微镜	0.01～10
(3) 沉降法	
沉降管	1～100
沉降天平	3～50
浊度计	0.01～20
气动筛分	<150
(4) 电导法	0.1～200
(5) 激光散射法	0.05～180
(6) X射线衍射法	0.2～50
(7) 吸附法	1～20

2.6.1　筛分法

所谓筛分法是指把粒子放在标准筛内，通过振摇使它们分级。测定留在各层筛网上的粒子质量或粒子数目就可得到粒度的分布参数。这是一种用于中等粒度范围的简单易行的测定方法。对标准筛来说，有严格的尺寸要求。各种孔级(37～5 660 μm)的 32 个筛子为一套。使用时应按筛孔尺寸的大小顺序排列。它不同于一般的分样筛，其精度取决于筛分粒子的形状、筛分时间、筛分方式、筛网磨损等情况。为了提高测定精度，将叠放的标准筛置于振筛机上。振荡一定时间(通常为 10～15 min)，经仔细取出并用毛刷清扫，最后分别称量。取 100 g 样品为加入量，分级后各级加入量为 100±0.2 g。粒径以两层筛径的平均值表示，筛网用目数和孔径两个数据表示。目数是指 1 in^2 (1 in^2 = 6.451 6×10^{-4} m^2)筛网上的孔数，如 100 目就是 1 in^2 筛网上有 100 个筛孔。目数值越高其筛孔的孔径就越小，粒子的粒度也越细。各国所采用的标准筛孔目尺寸并不相同，但逐渐走向国际标准化。现将某些国家使用的标准筛新规格及我国生产的标准分样筛规格汇总于表 2-3、表 2-4 中，供读者参考。

表 2-3　某些国家标准筛的新规格

ASTM (美国)/mm	JIS (日本)/mm	标准筛目	泰勒筛目	ASTM (美国)/mm	JIS (日本)/mm	标准筛目	泰勒筛目
5.66	5.6	3.5	3.5	0.425	0.425	40	35
4.75	4.75	4	4	0.355	0.355	45	42
4.00	4.00	5	5	0.300	0.300	50	48
3.35	3.35	6	6	0.250	0.250	60	60
2.80	2.80	7	7	0.212	0.212	70	65
2.36	2.36	8	8	0.180	0.180	80	80
2.00	2.00	10	9	0.150	0.150	100	100
1.70	1.70	12	10	0.125	0.125	120	115
1.40	1.40	14	12	0.106	0.106	140	150
1.18	1.18	16	14	0.090	0.090	170	170
1.00	1.00	18	16	0.075	0.075	200	200
0.850	0.850	20	20	0.063	0.063	250	250
0.710	0.710	25	24	0.053	0.053	270	270
0.600	0.600	30	28	0.045	0.045	325	325
0.500	0.500	35	32	0.038	0.038	400	400

表 2-4　我国生产的标准分样筛规格

目　数	20	32	40	50	60	70	80	90	100
筛空尺寸/mm	0.894	0.560	0.450	0.356	0.301	0.220	0.216	0.170	0.150
目　数	120	150	180	200	220	250	280	300	320
筛空尺寸/mm	0.130	0.100	0.088	0.077	0.070	0.061	0.055	0.051	0.048
目　数	340	360	400	500	600	700	800		
筛空尺寸/mm	0.041	0.039 6	0.038 5	0.030	0.025	0.020	0.015		

2.6.2 显微镜法

这是一种通过显微镜直接目测粒子形状和大小的方法,它能得到较多的可靠信息,有可信性。该法所用的显微镜有光学显微镜、电子显微镜及扫描电子显微镜等。光学显微镜有效放大达 750 倍,能测得 0.5 μm 的粒度。扫描电子显微镜能放大 10 000 倍,可测得 1 nm 的粒度。透过型电子显微镜比前者高 40 倍,能测得 0.2～0.3 nm 的粒度。它能测出粒子上分散的金属离子尺寸和晶粒尺寸,还能测定出粒子个数,以及通过摄像显示形貌和自动处理所有数据。由于该仪器价格昂贵,一般的实验室很少使用。带有数值显示的显微镜仪器早就因价格低廉而被广泛采用。

该法的优点是测定所用的样品少,而且直观,常用测定结果去校正其他方法。但缺点是要测量数百个甚至上千个颗粒尺寸后才能用统计方法算出分布。对用光学显微镜的操作来说,这是相当费时的工作。另外,在估算不规则粒子体积时,由于方法较多,若应用不当,就会产生较大误差。

用光学显微镜测定时,把分散剂加在镜片上将粒子予以分散,由于聚集的粒子能有效地散开,观察就比较清晰。这种方法测得的粒度分布是以颗粒大小的百分比表示的。每级按平均粒径尺寸计算,最终得到的是体积分数。

2.6.3 沉降法

粒子在适当的溶液介质中有一定的沉降速度,该值与粒子的大小有关。利用这一关系进行粒度测定的方法称为沉降法。通常用斯托克斯公式计算粒径。颗粒直径与沉降速度的关系为:

$$u=\frac{H}{t}=\frac{gd_p^2(\rho_p-\rho)}{18\mu} \tag{2-10}$$

式中,u 为沉降速度;ρ_p、ρ 分别为粒子和介质的密度;H 为沉降距离;μ 为介质黏度;t 为沉降所需时间;d_p 为粒子直径。

根据式(2-10),由所测粒子在沉降筒内的各段沉降时间和沉降量即可求出粒径分布曲线。沉降法所得到的分布是以质量为基准的。测定沉降量可采用天平法、浊度法、比重计法等手段。值得注意的是,粒子在溶液介质中不应被溶解,不应发生化学反应,同时还不形成聚集状态,必须保持自由落体才行。选择较好的分散剂以维持上述要求是很重要的,使用中分散剂浓度不能过高。

沉降法所用测定装置如图 2-36 所示。某些粒子也可通过流动着的液体扬析器进行粒度分级或通过气动筛分法进行扬析测定。后者适用于测定微球粒子的粒度分布。

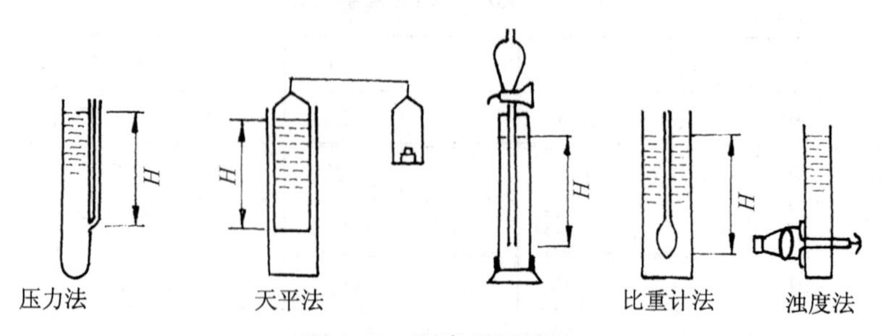

图 2-36 沉降分析装置

2.6.4　其他方法

除上述三种方法外，还有激光散射法、电导法、吸附法、X 射线衍射法等，并由此发展出各类自动粒度测定仪器。但目前仍以显微镜法作为测定粒度的基准。人们期待着快速、准确、简便、有效又价格便宜的仪器出现。

2.7　气液平衡数据测定

气液平衡数据是生物工程研究新产品、开发新工艺、减少能耗、进行三废处理的重要基础数据之一。生物工程生产中的蒸馏和吸收等分离过程设备的改造与设计、挖潜与革新以及对最佳工艺条件的选择，都需要精确可靠的气液平衡数据。这是因为生物工程生产过程都要涉及相关的物质传递，故这种数据的重要性是显而易见的。

只有少数物系可由拉乌尔定律和道尔顿定律计算出相平衡关系，而大量数据不能依靠理论计算，需通过实验直接测定。此外，在溶液理论的研究中，气液平衡数据是检验各种描述溶液内部分子之间相互作用模型的准确性和适用性的依据之一。总之，气液平衡数据测定及其技术发展备受生物工程理论研究者的重视，多年来开发了许多研究方法，有些与蒸气压测定方法很类似，有些则大同小异，最重要的是平衡釜的设计。虽然测定方法及测定装置很多，但大体上可归纳为静态法、动态法和流动法。其中静态法又分为总压法、差压法和连续法；动态法分为精馏法、循环法和沸点法。

2.7.1　静态法

静态法同蒸气压测定的静态法相似，即在一个恒温设备内使溶液建立气液平衡，并取出液相样品进行分析，得出全压下的液体组成，对实验的数据用吉布斯-杜安方程式(Gibbs-Duhem equation)进行数值计算，求出气相组成 y 和活度系数 γ。在气液平衡条件下系统中任一组分在气液两相的逸度相等。通过活度系数与过剩自由焓的关系，能与吉布斯-杜安方程式关联。

过剩自由焓 G^E 表示溶液实际的自由焓与同样温度、压力和组成按理想溶液方程计算的自由焓 G_{id} 两者之差：

$$G^E = \Delta G - \Delta G_{id} \tag{2-11}$$

而

$$\Delta G_{id} = RT\sum x_i \ln x_i , \tag{2-12}$$

所以

$$G^E = RT\sum x_i \ln \gamma_i \tag{2-13}$$

活度系数的求算通过实验测得数值代入 G^E 的各种模型中，最终算出 γ 值。所以，从某种意义上讲，求 γ 值更有意义。当然计算也有许多方法。

静态法中有不同的测定方法，主要是在压力的测定和确定组成方式上有些差别，根据两者的不同要求而发展了各种方法。

1) 总压法

总压法是在恒定温度下测定压力和液相组成关系的方法,也称为 p-x 法。由于设计精馏装置需要温度与组成的关系,因此需要通过实验测定几个温度下的 p-x 数据,或者 p-x 与一套其他对应数据。测定装置的种类和形式较多,基本构造大体相似,只是在样品导入、脱气以及操作的灵活性和准确性方面有不同改进。

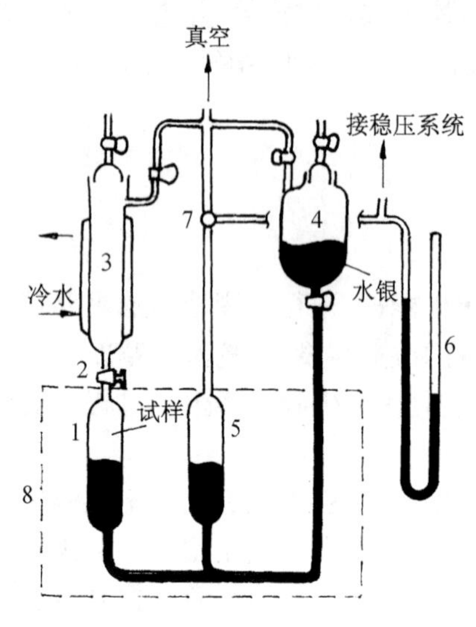

1—平衡室;2—阀;3—取样室;4—水银库;5—测压室;6—压力计;7—三通阀;8—恒温浴。

图 2-37 改进的总压法测定装置

最简单的一种总压法测蒸气压的仪器是改进后的 p-x 法测定仪,如图 2-37 所示。平衡室置于恒温浴中,可以由水银面升降来改变空间,以排除不凝气或气相组分。平衡室上部有一个带冷凝水夹套的取样室。水银升降可将液样压入取样室取样分析。同时,系统还可与真空连接进行脱气。三通阀 7 可与稳压系统连接,加料由上部取样室经阀 2 进入平衡室。在指定温度下调压力,使平衡室与测压室 5 的水银面从压力计 6 读出总压。取样分析可得到一个 p-x 数据,不断添加某组分改变组成,重复操作,可得到一条完整的 p-x 曲线。

此测定仪操作简便,获得数据快,但只适用于常压范围。

2) 连续法

由于测定用间歇方式进行,每次只能导入一个样品,测定一个数据点,因此获得较完整的实验曲线要花费很长时间。改进的测试方法是用柱塞注入器进样,可连续测定。其基本构造如图 2-38 所示。

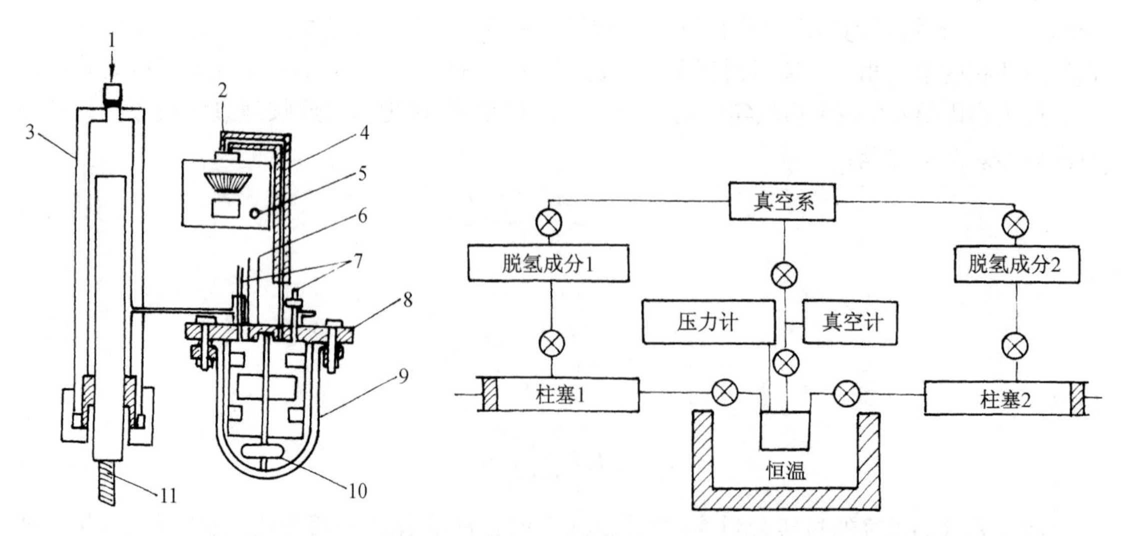

1—去脱气容器;2—去基准真空系统;3—柱塞进料主体;4—保温管;5—水晶振子仪;6—去真空系统;7—针型阀;8—池盖;9—玻璃罩;10—带磁尼龙搅拌器;11—螺杆。

图 2-38 Gibbs Van Ness 装置

注入器是由 100 mL 容积柱塞缸组成，能定量进入 0.01 mL 样品，一端进第一种组分，另一端进第二种组分，蒸气压由晶体扭转仪测定。静态法测试二元系统比测试一元系统要复杂得多，花费时间多，温度条件又非常苛刻，并且要控制在 0.01℃，因此必须使用二重恒温槽，外部还要用空气恒温，这些都使测定工作更趋复杂。但由于 t-x 数据关联和计算 γ 值要比 p-x 困难，因此，对 p-x 测定和计算比其他方法更受重视。

2.7.2　动态法

测定二元系统的气液平衡数据使用动态法是最多的。该法可分为精馏法、循环法和沸点法。精馏法是较古老的测气液平衡数据的方法，设备庞大，蒸出物组成易发生变化，数据测定误差较大，故现在很少采用。

在大气压或减压下使用循环法测试气液平衡数据相当简便。该法如图 2-39 所示，从 A 容器（平衡釜）蒸出的气相物经冷凝流入 B 容器（接收器）内，又返回 A 容器。取样分析得到 A、B 容器内的溶液组成就可求出气液平衡关系。在一定压力下进行测定得到沸点下的组成变化值，即定压下的 t-x-y 关系；当调整压力检测一定温度下的压力组成关系曲线时，便可得到 p-x-y 关系；能使溶液产生蒸馏平衡的釜结构有许多形式，但基本上是按上述两种原则分类并在实验中加以改进的。两种最广泛使用的平衡釜结构如图 2-40、图 2-41 所示。

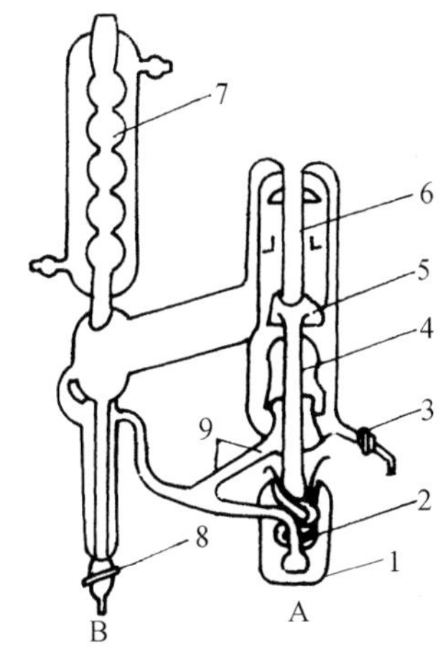

1—沸腾器；2—内加热器；3—液相取样口；4—气液提升管；5—气液分离器；6—温度计套管；7—气相冷却管；8—气相取样管；9—混合器。

图 2-39　Rose 釜

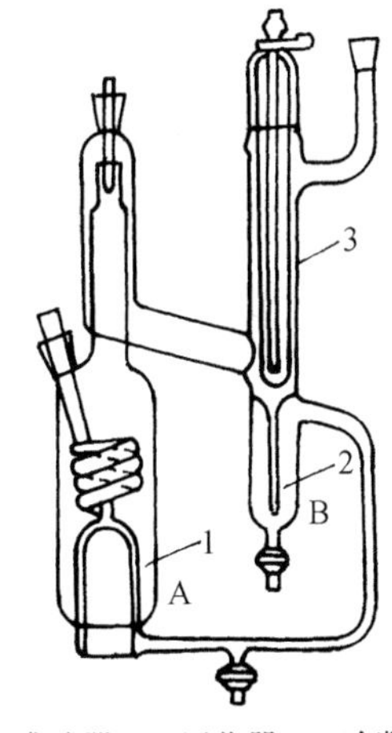

1—沸腾器；2—回收器；3—冷凝器。

图 2-40　Eills 釜

从图中可看出，各种循环型的平衡釜都应具有以下特点：

(1) 釜的形式简单、便于制作；

(2) 测定的物料量不能太多；

(3) 便于准确测定平衡温度、压力、气液组成；

(4) 达到平衡的时间短；

(5) 蒸汽离开平衡区不夹带液滴，无部分冷凝；

(6) 循环流体组成不变化，循环流路中无死角。

所以，各种釜可根据以上要求进行改进。图 2-42 是一种小型平衡釜的结构，该釜形式简单,结构紧凑,便于制作,测定物的用量少,达到平衡的时间短,可测试 30～180 种二元混合溶液。

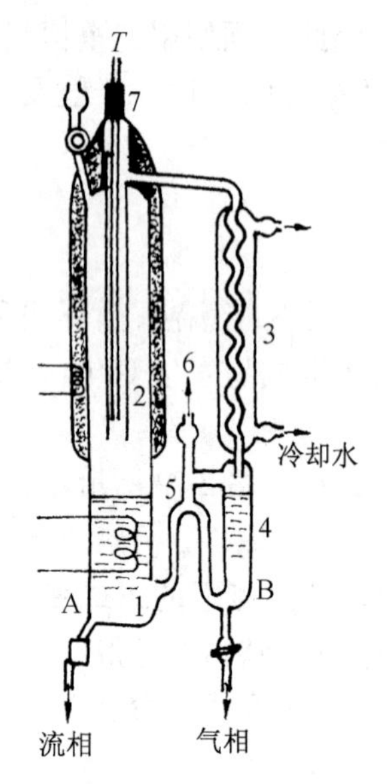

1—蒸汽发生器;2—蒸汽上升管;
3—冷凝室;4—气相冷凝器;
5—回流管;6—通大气管;7—测温口。

图 2-41 Othmer 釜

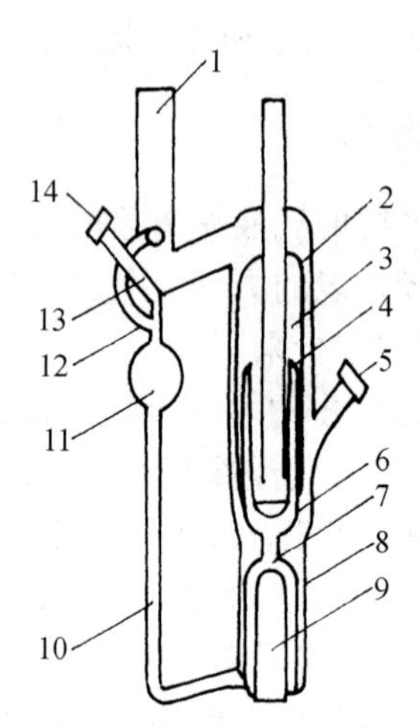

1—磨口接冷凝器;2—针罩;3—平衡室;4—测温管;5—液相取样器;
6—液相储液槽;7—提升管;8—沸腾室;9—加热套;10—回流管;
11—缓冲球;12—连通管;13—气相储液槽;14—气相冷凝器取样口。

图 2-42 小型气液平衡釜示意图

除上述测定方法外,动态法中还有沸点法的一些测定装置及色谱法与惰性气体气流饱和法等,在此不一一介绍。

第3章　单元操作基本实验

本章包括了10个单元操作基本实验。通过这些实验操作，学生们可以更好地理解、消化所学的理论知识，熟悉各单元操作设备的基本构造和工作原理，掌握相应设备的操作流程。

3.1　流体流动阻力的测定

生物工程工厂生产与设计中经常涉及流体流动与管道的阻力计算，经常碰到高黏性流体、热敏性流体、层流流动问题。了解阻力的产生、测定管道的阻力及管道与管件的选用在生物工程单元操作中具有重要的意义。

3.1.1　实验目的

(1) 熟悉测定流体流经直管的阻力损失的实验组织法及测定摩擦系数的工程意义。

(2) 观察摩擦系数 λ 与雷诺数 Re 之间的关系。

(3) 测定流体流过管件时的局部阻力，并求出该管件的局部阻力系数。

(4) 学习压强差的几种测量方法和提高其测量精确度的一些技巧。

3.1.2　实验原理

流体在管内流动时，由于流体具有黏性，在流动时必须克服内摩擦力，因此，流体必须做功。当流体呈湍流流动时，流体内部充满了大小漩涡，流体质点运动速度和方向都发生改变，质点间不断相互碰撞，引起流体质点动量交换，使其产生了湍动阻力，结果也会消耗流体能量。所以流体的黏性和流体的涡流产生了流体流动的阻力。

流体在管内流动的阻力的计算公式表示为

$$h_f = \lambda \frac{l}{d} \frac{u^2}{2} \tag{3-1}$$

或

$$\Delta p = p_1 - p_2 = h_f = \lambda \frac{l}{d} \frac{\rho u^2}{2} \tag{3-2}$$

式中，h_f 为流体通过直管的阻力(J/kg)；Δp 为流体通过直管的压力降(Pa)；p_1、p_2 为直管上下游截面流动的压强(Pa)；i 为管道长(m)；d 为管道直径(内径)(m)；ρ 为流体密度(kg/m^3)；u 为流体平均流速(m/s)；λ 为摩擦因数(量纲一)。

摩擦因数是一个受多种因素影响的变量，其规律与流体流动类型密切相关。当流体在管内做层流流动时，根据力学基本原理，流体流动的推动力(由于压力产生)等于流体内部摩擦力(由于黏度产生)，从理论上可以推得 λ 的计算式为

$$\lambda = 64/Re \tag{3-3}$$

当流体在管内做湍流流动时，由于流动情况比层流复杂得多，湍流时的 λ 还不能完全由理

论分析建立摩擦因数关系式。湍流的摩擦因数计算式是在研究分析阻力产生的各种因素的基础上，借助因次分析方法，将诸多因素的影响归并为准数关系，最后得出如下结论：

$$\lambda = 2k\left(\frac{du\rho}{\mu}\right)\left(\frac{\varepsilon}{d}\right)^{t} = \phi(Re, \varepsilon/d) \tag{3-4}$$

由此可见，λ 为 Re 和管壁相对粗糙度 ε/d 的函数，其函数的具体关系通过实验确定。

局部阻力通常有两种表示方法：当量长度法和阻力系数法。

(1) 当量长度法：流体流过某管件时因局部阻力造成的能量损失相当于流体流过与其相同管径的若干米长度的直管阻力损失，用符号 l_e 表示，则

$$h'_f = \frac{\Delta p'_f}{\rho} = \lambda \frac{l_e}{d}\frac{u^2}{2} \tag{3-5}$$

(2) 阻力系数法：流体通过某一管件的阻力损失用流体在管路中的动能系数来表示：

$$h'_f = \frac{\Delta p'_f}{\rho} = \zeta \frac{u^2}{2} \tag{3-6}$$

本实验中局部阻力引起的压强降 $\Delta p'_f$ 可用下面的方法测量：在一条各处直径相等的直管段上，安装待测局部阻力的阀门，在阀门的上、下游各开两对测压口 $a-a'$ 和 $b-b'$(见图 3-1)，使 $ab=bc$，$a'b'=b'c'$，则有

$$\Delta p_{f,ab} = \Delta p_{f,bc} \qquad \Delta p_{f,a'b'} = \Delta p_{f,b'c'}$$

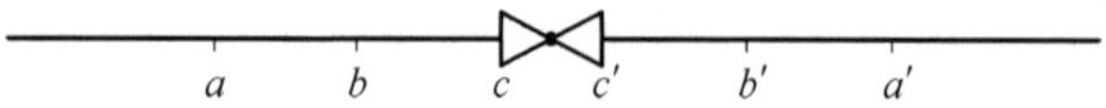

图 3-1 局部阻力测量取压口分布示意图

在 $a-a'$ 之间列伯努利方程式：

$$\Delta p_{f,aa'} = \Delta p'_f + \Delta p_{ac} + \Delta p_{a'c'} = \Delta p'_f + 2\Delta p_{ab} + 2\Delta p_{a'b'} \tag{3-7}$$

在 $b-b'$ 之间列伯努利方程式：

$$\Delta p_{f,bb'} = \Delta p'_f + \Delta p_{cb} + \Delta p_{c'b'} = \Delta p'_f + \Delta p_{ab} + \Delta p_{a'b'} \tag{3-8}$$

联立式(3-7)和式(3-8)，可得：

$$\Delta p'_f = 2\Delta p_{f,bb'} - \Delta p_{f,aa'} \tag{3-9}$$

为了便于区分，称 $\Delta p_{f,bb'}$ 为近点压差，$\Delta p_{f,aa'}$ 为远点压差，其数值通过差压传感器来测量。

3.1.3 实验装置及流程

本实验装置流程如图 3-2 所示，由直管、管件、控制阀、转子流量计、供水泵和储水箱构成，实验所用物料为清洁水。直管内水流速度较小时，压差用倒 U 形管压强计测量，流速较大时，压差用压差变送器测量。

测定直管阻力时，系统里装有 2 根光滑管，一根粗糙管。其中光滑管Ⅰ的内径为 8 mm，光滑管Ⅱ和粗糙管的内径为 10 mm，长度均为 1.7 m。测定局部阻力的管路内径为 15 mm。

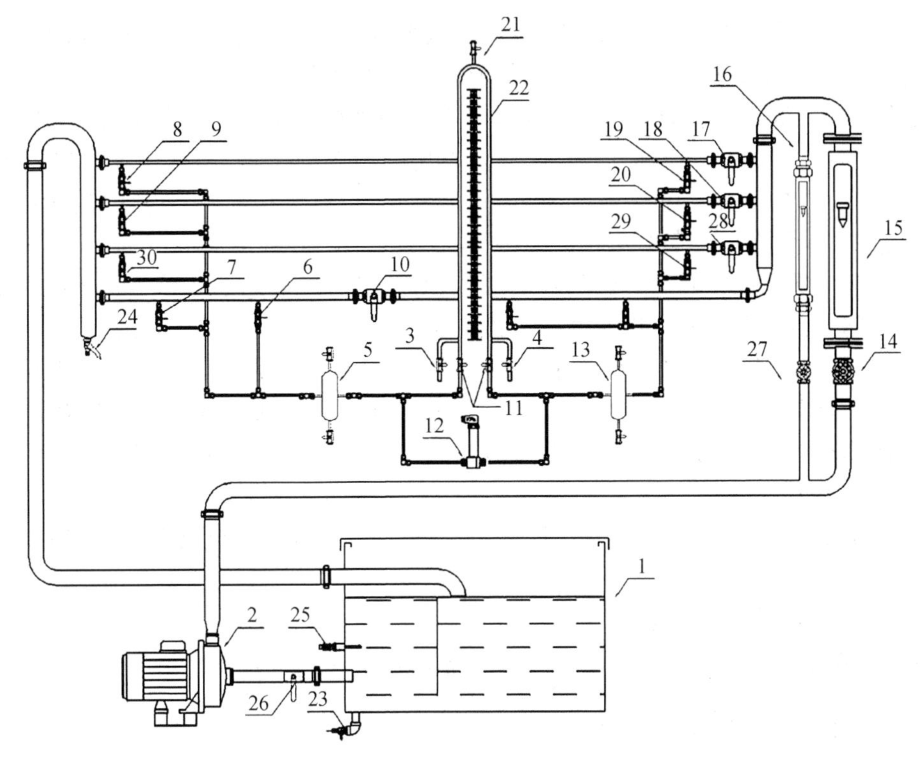

1—储水箱；2—离心泵；3，4—放水阀；5，13—缓冲罐；6—局部阻力近端测压阀；7—局部阻力远端测压阀；8，19—光滑管Ⅰ测压阀；9，20—光滑管Ⅱ测压阀；10—局部阻力管阀；11—U形管进出水阀；12—压差变送器；14—大流量调节阀；15，16—水转子流量计；17—光滑管Ⅰ阀；18—光滑管Ⅱ阀；21—倒U形管放空阀；22—倒U形管；23—水箱放水阀；24—放水阀；25—温度计；26—切断阀；27—小流量调节阀；28—强化管阀；29，30—强化管测压阀。

图3-2　单相流动阻力测定实验装置流程图

3.1.4　实验步骤及方法

(1) 熟悉试验装置，弄清实验流程，掌握每个阀门的作用与用法，了解实验目的与原理，明确实验中需要测量的数据。

(2) 向储水箱内注入足量的清洁水，开启面板上总电源开关，检查仪表显示是否正常。

(3) 光滑管Ⅰ阻力测定。

① 打开光滑管Ⅰ管路阀门17，测压阀门8、19。关闭光滑管Ⅱ阀门18、强化管路阀门28、局部阻力阀门10及所有不做实验管路的阀门。启动离心泵电源后全开调节阀门14和27，在大流量下将实验管路气泡全部排出。

关闭阀门14，在流量为零的条件下，打开通向倒U形压强计的进水阀，检查导压管内是否有气泡存在。若倒U形压强计内液柱高度差不为零，则表明导压管内存在气泡。需要进行排气泡操作。导压系统如图3-3所示，排气泡操作方法为：全开阀门14、27，加大流量，打开U形压强计进、出水阀门11，使压强计管内液体充

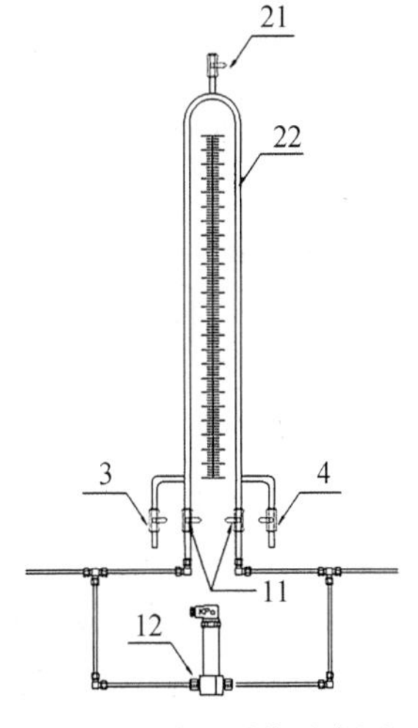

图3-3　导压系统示意图

分流动,以排出管路内的气泡。分别缓慢地打开两个缓冲罐的排气阀,以达到排空缓冲罐中气体的目的。若观察气泡已排净,将大小流量调节阀关闭,压强计进、出水阀 11 关闭,慢慢旋开压强计上部的放空阀 21 后,分别缓慢打开阀门 3、4,使液柱降至中点上下时马上关闭,管内形成气-水柱,此时管内液柱高度差不一定为零。然后关闭放空阀 21,打开压强计进出水阀 11,此时压强计两液柱的高度差应为零(1~2 mm 的高度差可以忽略),如不为零则表明管路中仍有气泡存在,需要重复进行排气泡操作。

② 本实验装置安装了两个并联的转子流量计,可根据流量大小选择不同量程的流量计,同时倒 U 形管压强计和压差变送器也是并联连接,用于测量不同流量下的压差。

③ U 形管压强计可以用于测定小流量情况下的压差数据,此时通过阀门 27 来调节流量。另外大流量下的压差则通过压差变送器测得。此时通过阀门 14 来调节流量,测量时先关闭阀门 11。应在最大流量和最小流量之间进行实验操作,一般测取 10~15 组数据。

④ 在测大流量的压差时应关闭 U 形管压强计的进出水阀 11,防止水利用 U 形管压强计形成回路影响实验数据。

(4) 粗糙管、局部阻力的测量方法同上。

(5) 分别测取实验前后水箱水温。待数据测量完毕,关闭流量调节阀,停泵。

3.1.5 实验操作注意事项

实验操作需注意以下事项:

(1) 启动离心泵之前以及从光滑管阻力测量过渡到其他测量之前,都必须检查所有流量调节阀是否关闭。

(2) 利用压力传感器测量大流量下 Δp 时,应关闭倒 U 形管压强计的阀门,否则将影响测量数值的准确性。

(3) 在实验过程中每调节一个流量之后应待流量和直管压降的数据稳定以后方可记录数据。

3.1.6 实验数据处理

(1) 实验现场算出 λ 与 Re 数据,用双对数坐标关联 λ 与 Re 之间的关系,实验点应在图上分布均匀。根据实验点在图上的分布均匀程度与实验点在曲线上的偏离程度决定补救办法与重做的实验。

(2) 求出不同流量下的 ζ 值,在双对数坐标上作$(\Delta p/\rho)$-u 的关系式。

3.1.7 思考题

(1) 如何检测倒 U 形管压强计系统内的空气已排除干净?

(2) 水温在实验中有无变化,为什么? 如何测定水温?

(3) 本数据为什么整理成 λ-Re 关系? 其他方法行否?

(4) 对工程上用量纲一数规划实验以解决管路阻力的处理方法有何体会?

(5) 结合理论课学习,你掌握了哪些测定流量、压差的方法? 各有什么特点?

3.2 流量计的流量校验

流量的测量和流量计的流量校正与标定在工业生产、科学研究、日常生活中都是十分重要的。流量的测量包括不可压缩流体与可压缩流体两类流体流量的测量。在测量方法和仪表方面二者都不同，可压缩流体的流量校正与标定要复杂得多。本实验仅就不可压缩流体流量的测量和流量计的流量校正与标定进行讨论。

3.2.1 实验目的

(1) 熟悉孔板、文丘里、转子流量计与涡轮流量计的构造、性能与使用方法。

(2) 练习并掌握孔板流量计的标定方法。

(3) 掌握孔板流量系数 C_0 的测定方法，考察 C_0 随 Re 的变化规律。

3.2.2 实验原理

常用的流量计大都按标准规范制造，厂家为用户提供流量曲线表或按规定的流量计算公式给出指定的流量系数。如果用户遗失出厂流量曲线表或在使用时所处温度、压强、介质性质同标定时不同，为了测量准确和使用方便，都必须对流量计进行标定。即使已校正过的流量计，由于长时间使用磨损较大时，也应再次校正。

流量计的校正有容积法、称重法和基准流量计法。容积法和称重法都是以通过一定时间间隔内排出的流体体积或质量来实现的。基准流量计法是以一个事先校正过、精度较高的流量计作为比较标准而测定的。

1) 孔板流量计

孔板流量计的结构是在管道中装有一块孔板，在孔板两侧接出测压管，分别与 U 形管压强计连接。孔板流量计是利用流体通过锐孔的节流作用使流速增大、压强减小，造成孔板前后压强差作为测量的依据。

若管路直径为 d_1，孔板锐孔直径为 d_0，流体流经孔板后所形成缩脉的直径为 d_2，流体密度为 ρ，管道处及缩脉处的速度和压强分别为 u_1、u_2 与 p_1、p_2，根据伯努利方程可得

$$\frac{u_2^2-u_1^2}{2}=\frac{p_1-p_2}{\rho} \tag{3-10}$$

由于缩脉位置因流速而变，其截面积 A_2 难以知道，而孔板的面积 A_0 是已知的，测压器在设备上的位置是不变的。因此用孔板孔径处流速 u_0 来代替式(3-10)中的 u_2，又考虑到实际流体因局部阻力所造成的能量损失，故需用系数 C 加以校正。式(3-10)就可改写为

$$\sqrt{u_0^2-u_1^2}=C\sqrt{\frac{2(p_1-p_2)}{\rho}} \tag{3-11}$$

对于不可压缩流体，根据连续性方程又可得

$$u_1=u_0\left(\frac{d_0}{d_1}\right)^2$$

令 $C_0=\dfrac{C}{\sqrt{1-(d_0/d_1)^4}}$，整理后可得

$$u_0=C_0\sqrt{\frac{2gR(\rho_i-\rho)}{\rho}} \tag{3-12}$$

式中，R 为U形管压强计液柱高度差(m)；ρ_i 为压强计中指示液的密度(kg/m^3)；C_0 为孔板流量系数。它由孔板锐孔的形状、测压口位置、孔径与管径比 d_0/d_1 和雷诺数 Re 所决定，具体数值由实验测定。当孔板的 d_0/d_1 一定后，Re 超过某个数值后，C_0 就接近于定值。

2) 转子流量计

转子流量计是工业上和实验室最常用的一种流量计。它具有结构简单、直观、压力损失小、维修方便等特点。

转子流量计的主体是一根由下向上逐渐扩大的垂直锥管。管内有一直径略小于玻璃管内径的转子(或称浮子)。管中无流体通过时，转子沉于管底部。当被测流体以一定的流量从下往上通过转子流量计时，转子将“浮起”。当转子上浮至一定高度，转子上、下端压差造成的升力等于转子的重力时，转子将悬浮于该高度上。对于一台给定的转子流量计，转子在锥管中的位置与流体流经锥管的流量的大小成一一对应关系。

3) 涡轮流量计

涡轮流量计是一种速度式仪表，它具有精度高、重复性好、结构简单、耐高压、测量范围宽、体积小、质量轻、压力损失小、寿命长、操作简单、维修方便等优点，用于封闭管道中测量低黏度、无强腐蚀性、清洁液体的体积流量和累积量，可广泛应用于石油、化工、冶金、有机液体、无机液体、液化气、城市燃气管网、制药、食品、造纸等行业。当被测流体流过涡轮流量计传感器时，在流体的作用下，叶轮受力旋转，其转速与管道平均流速成正比，同时，叶片周期性地切割电磁铁产生的磁力线，改变线圈的磁通量，根据电磁感应原理，在线圈内将感应出脉动的电势信号，即电脉冲信号，此电脉冲信号的频率与被测流体的流量成正比。

3.2.3 实验装置及流程

本实验装置如图3-4所示，由供水泵、管道、孔板流量计、文丘里流量计、转子流量计、涡轮流量计和调节阀门组成。实验所用物料为水，由储水箱、供水泵提供并循环使用。

3.2.4 实验步骤及方法

(1) 熟悉试验装置，了解各个阀门的作用。

(2) 向储水箱内注入足量的洁净水，关闭流量调节阀8、9，启动离心泵。

(3) 文丘里流量计性能测量实验：按照流量从小到大(或从大到小)顺序进行实验。关闭阀门5、8及孔板测压阀门V1、V2，打开阀门6、9及文丘里流量计测压阀门V3、V4，用流量调节阀9调节流量，每调节一个流量，读取并记录涡轮流量计读数和文丘里流量计压差。

(4) 孔板流量计性能测量实验：按照流量从小到大(或从大到小)顺序进行实验。关闭阀门6、8及文丘里测压阀门V3、V4，打开阀门5及孔板测压阀门V1、V2，用流量调节阀9调节流量，每调节一个流量读取并记录涡轮流量计读数和孔板流量计压差。

（5）转子流量计性能测量实验：按照流量从小到大（或从大到小）顺序进行实验。关闭阀门6、9和测压阀门V1、V2、V3、V4，全开阀门5，然后用流量调节阀8调节流量，每调节一个流量读取并记录涡轮流量计读数和转子流量计读数。通过温度计读取并记录温度数据。

（6）实验结束后，关闭流量调节阀8、9，停泵。

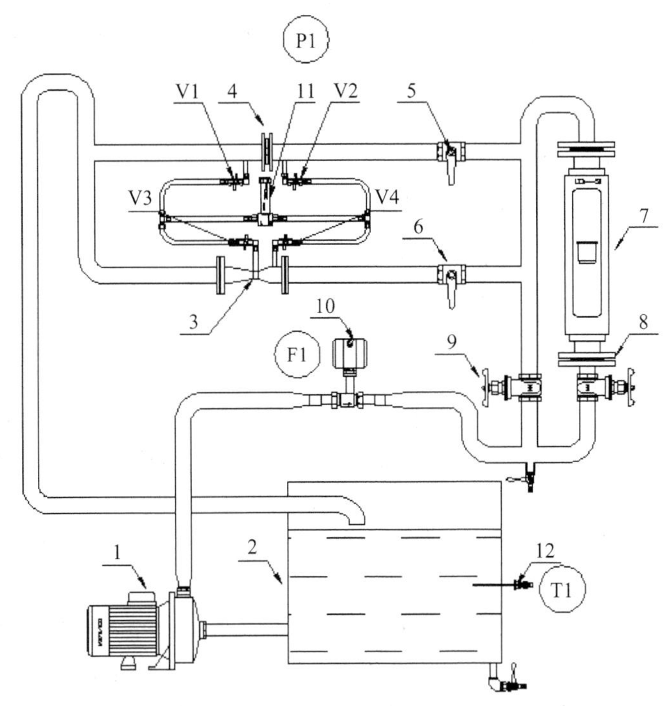

1—离心泵；2—储水箱；3—文丘里流量计；4—孔板流量计；5，6—文丘里、孔板流量计调节阀；7—转子流量计；8—转子流量计调节阀；9—流量调节阀；10—涡轮流量计；11—压差传感器；12—温度计；V1，V2，V3，V4—测压用切断阀；P1—节流式流量计两端的压差测量仪表；T1—流体温度测量仪表；F1—涡轮流量计流量测量仪表。

图3-4　流量计性能测定实验示意图

3.2.5　实验数据处理

（1）根据实验测得的数据，作出文丘里流量系数与雷诺数的关系曲线，数据点在八个以上，布点不均匀时应适当增加，实验点不规整时，应考虑补点。

（2）根据实验测得的数据，作出孔板流量系数与雷诺数的关系曲线，数据点在八个以上，布点不均匀时应适当增加，实验点不规整时，应考虑补点。

（3）根据实验测得的数据，作出转子流量计标定曲线。

3.2.6　思考题

（1）孔板流量系数与哪些因数有关？

（2）孔板安装时应注意哪些问题？为什么其前后应有一定的直管稳定段？

（3）文丘里流量计与孔板流量计相比，有什么优缺点？

（4）转子流量计与孔板、文丘里流量计有什么区别？

3.3 离心泵特性曲线的测定

机泵和管路在生物工程工厂中好比人体中的心脏和血管,在生物工程工厂的运转中起着举足轻重的作用。了解各类机泵的结构特性和特性曲线,合理选择及正确使用各类机泵是每个生物工程工作者必须掌握的。本实验以离心泵为对象,测定泵的特性曲线。

3.3.1 实验目的

(1) 了解离心泵的结构特性和操作。

(2) 测定一定转速下离心泵的特性曲线。

(3) 测定转速及介质改变情况下的离心泵特性曲线。

(4) 理解合理选择及正确使用离心泵的意义。

3.3.2 实验原理

离心泵是生物工程工厂中应用广泛的一种液体输送机械,它输送的流体范围很广,包括腐蚀性流体和含固相悬浮物的液体。这类机械运转时液体流量的调节十分简单,使用很方便。

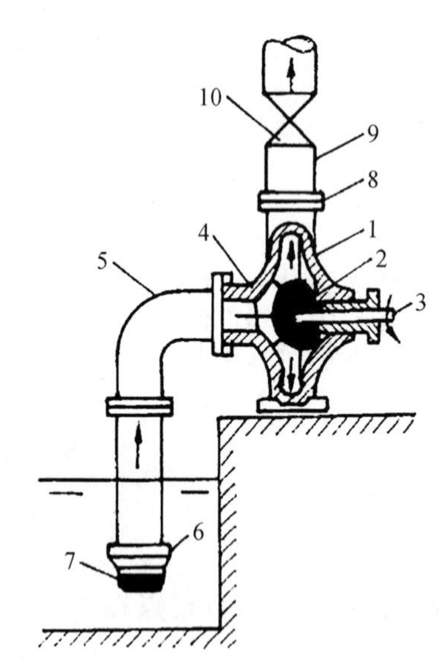

1—叶轮;2—泵壳;3—泵轴;4—吸入口;5—吸入管;6—底阀;7—滤网;8—排出口;9—排出管;10—调节阀。

图 3-5 离心泵装置示意图

图 3-5 是离心泵的装置简图。由图可见,若干个弯曲叶片组成的叶轮 1 置于具有蜗壳型通道的泵壳 2 之内,叶轮紧固于泵轴 3 上。泵的吸入口 4 位于泵壳的中央,并与吸入管路 5 相连,泵壳上侧边的排出口 8 与排出管路 9 相连。离心泵一般由电动机带动。离心泵启动前,需要先将所输入的液体灌满吸入管路和泵壳。电动机启动之后,泵轴带动叶轮以 1 000~3 000 r/min 的速度高速旋转,在此过程中,泵通过叶轮向液体提供了能量,另外,在蜗形泵壳中由于流道的不断扩大,液体的流速减慢而静压强提高,最终以较高的静压强排出管道,实现输送目的。在一定转速下,离心泵的扬程 H_e、轴功率 N 和效率 η 等特性参数都与离心泵的流量有关。通常用水作为介质,通过实验测出 H_e、N、η 和 Q 之间的关系曲线,称为离心泵的特性曲线。特性曲线是选用离心泵和确定泵的适宜操作范围的重要依据。如果在泵的操作中,能够测得其流量,进、出口的压力和泵所消耗的功率(即轴功率或电机功率),那么通过计算就可以作出离心泵的特性曲线。

1) 流量的测定

在一定转速下,调节出口阀改变离心泵的流量,并通过涡轮流量计测出其具体数值。

2) 扬程的测定

在进口真空表和出口压力表两测压点截面列伯努利方程:

$$H_e = \frac{p_2}{\rho g} - \frac{p_1}{\rho g} + h_0 + \frac{u_2^2 - u_1^2}{2g} \tag{3-13}$$

或
$$H_e = H_{压} + H_{真} + h_0 + \frac{u_2^2 - u_1^2}{2g} + H_f \tag{3-14}$$

式中，h_0 为压力表和真空表两测压点间的垂直距离；p_2、p_1 分别为压力表和真空表所测表压与真空度；u_2、u_1 分别为泵出口、进口管内水的流速；$H_{真}$、$H_{压}$ 分别为真空表、压力表所测得的读数，以 m 液柱表示其数值；H_f 为两测压点间泵的压头损失(本实验可忽略不计)。

3) 有效功率的测定

泵的有效功率可从泵的扬程、流量确定，公式为

$$N_e = \frac{H_e V_e \rho}{102} (\text{kW}) \tag{3-15}$$

式中，V_e 为流量；H_e 为扬程；ρ 为水的密度；各变量的单位均为国际单位。

4) 泵的效率

泵的效率为有效功率与其轴功率之比，但是测定轴功率较难，实验中经常测定电机功率 $N_{电}$，从而求取泵的总效率。即

$$\eta = \frac{N_e}{N_{电}} \tag{3-16}$$

3.3.3　实验装置

本实验装置如图3-6所示，由储水箱、离心泵和相应的管件组成。在泵吸入管进口处装有底阀滤水器，以免污物进入水泵。过滤器上带有单向阀，以便在起动前可使泵内灌满水。在泵的进口和出口处分别装有真空表和压力表，以测量水的进、出口处的压强。泵的管路中有涡轮流量计，用来测量水的流量；管路出口处装有阀门，用来调节水的流量，电功率表测量电动机输入功率，另有变频调速器来调节离心泵的转速。

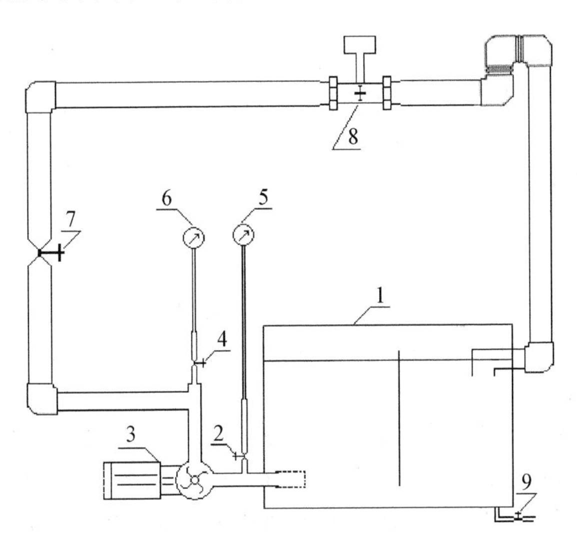

1—储水箱；2—泵入口真空表阀；3—离心泵；4—出口压力表阀；5—泵入口真空表；
6—泵出口压力表；7—调节阀；8—涡轮流量计；9—放水阀。

图3-6　离心泵性能测定装置示意图

3.3.4 实验内容和实验步骤

(1) 了解设备,熟悉流程及所用仪表。

(2) 开启灌水阀门,向泵内灌水至满,然后关闭灌水阀门,关闭泵的出口阀门。

(3) 启动离心泵。慢慢开启出口阀调节流量,从零到最大或反之。待系统内流动稳定后,在每个流量下读取真空表、压力表、流量计、电功率表的读数,一共测取 8~10 组数据。

(4) 通过变频调速器调节离心泵的转速,在不同的频率(转速)下重复以上步骤。使用变频调速器时一定要注意 FWD 指示灯是亮的,避免误操作导致电机反转。

(5) 实验结束后,关闭电机。

3.3.5 实验记录与数据处理

在实验过程中分别记录以下参数值:流量、压力表和真空表的测量值、电机功率及其他实验参数。在方格纸上作泵的特性曲线,并根据所得曲线,标示适宜操作区。

3.3.6 思考题

(1) 为什么流量越大,入口处真空表的读数越大? 出口处压力表的读数越小?

(2) 为什么在离心泵进口管下要安装底阀?

(3) 离心泵为什么要关闭功率表和出口阀后才起动?

(4) 什么情况下会出现“汽蚀”和“气缚”现象?

(5) 流量调节阀可以安装在吸入管上吗? 为什么?

3.4 搅拌器性能测定实验装置

3.4.1 实验目的

(1) 了解桨式、涡轮式等常用搅拌器以及挡板等搅拌附件的结构特点及工作原理。

(2) 掌握搅拌功率曲线的测定方法。

(3) 掌握搅拌实验装置中各种仪器仪表的使用。

3.4.2 实验原理

搅拌操作是重要的生物工程单元操作之一,它常用于互溶液体的混合、不互溶液体的分散和接触、气液接触、固体颗粒在液体中的悬浮、强化传热及生物化学反应等过程,搅拌式发酵罐是生物工程的核心设备。

从混合机理可知,为达到大尺度上的均匀,必须有强大的总体流动;而要达到小尺度上的均匀则必须提高总流的湍动程度。换言之,为达到一定的混合效果,必须向搅拌器提供足够的功率。因此搅拌器内单位体积液体的能耗成为判断搅拌过程好坏的依据之一。

由于搅拌釜内液体运动状态十分复杂,搅拌功率目前尚不能由理论算出。只能由实验获得搅拌功率和该系统其他变量之间的经验关联式,以此作为搅拌操作放大过程中确定搅拌规律的依据。

与搅拌器所需功率有关的因素很多，可分为几何因素和物理因素两类。影响搅拌功率的几何因素有：搅拌器的直径 d、叶片数、形状、叶片长度 l 和宽度 B、容器直径 D、容器中所装液体的高度 h 等。对于特定的搅拌装置，通常以搅拌器的直径 d 为特征尺寸，而把其他几何尺寸以量纲一的对比变量来表示。

$$\alpha_1=\frac{D}{d};\alpha_2=\frac{h}{d};\alpha_3=\frac{l}{d};\cdots$$

影响搅拌的物理因素也很多，对于均相液体搅拌过程，主要因素为液体的密度 ρ、黏度 μ、搅拌器转速 n 等。

对于安装挡板的搅拌装置，搅拌功率 P 应是 ρ、μ、n、d，以及 $\alpha_1,\alpha_2,\cdots$ 的函数：

$$P=f(\rho,\mu,n,d,\alpha_1,\alpha_2,\cdots)$$

利用量纲分析法，将上式转化为量纲一形式

$$\frac{P}{\rho n^3 d^5}=\varphi\left(\frac{\rho n d^2}{\mu},\alpha_1,\alpha_2,\cdots\right) \tag{3-17}$$

式中，$\frac{P}{\rho n^3 d^5}$ 称为功率特征数 K；因为 nd 正比于 u，所以 $\frac{\rho n d^2}{\mu}$ 称为搅拌雷诺数 Re_{M}。

对于一系列几何相似的搅拌装置，对比变量都为常数，上式可简化为

$$\frac{P}{\rho n^3 d^5}=\varphi Re_{\mathrm{M}}$$

$$P=K\rho n^3 d^5 \tag{3-18}$$

式中，$K=\varphi Re_{\mathrm{M}}$。

这样，在特定的搅拌装置中，通过实验可以测得特征数 K 和搅拌雷诺数之间的关系。将此关系标绘在双对数坐标图上即得功率曲线。

3.4.3　实验装置

本实验装置如图 3-7 所示，由标准搅拌槽、搅拌电机、搅拌桨、空压机和转子流量计组成。搅拌槽的内径为 280 mm，搅拌桨为六片平直叶圆盘涡轮，直径为 125 mm。

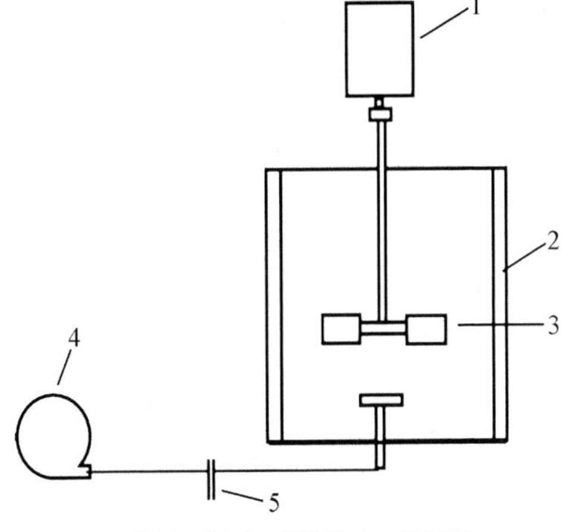

1—搅拌电机；2—搅拌槽；3—搅拌桨；
4—空压机；5—转子流量计。

图 3-7　搅拌器性能测试实验装置示意图

3.4.4　实验步骤

(1) 测定水溶液搅拌功率曲线：搅拌器中装入适量的水，打开总电源，打开搅拌转速开关，慢慢转动调速旋钮，电机开始转动。在转速为 100～400 r/min 的范围内，取 10～12 个点测试。试验中每调节一个转速，必须等数据显示基本稳定后才能读数，记下每个转速下的电机的电压

(V)、电流(A)和转速(r/min)。

(2) 测定气液搅拌的功率曲线:在搅拌的过程中,搅拌器下部通入空气。空气由空气压缩机供给,通过气体流量计调节输入搅拌器的空气流量。记录空气流量和每一转速下的液面高度,其余操作同上。

(3) 实验结束前将调速降为零,然后关闭搅拌调速开关。

(4) 在对数坐标纸上标绘出 K 与 Re_{M} 的关系。

3.4.5 思考题

(1) 搅拌器的两个基本功能是什么?

(2) 搅拌的目的是什么?

(3) 提高搅拌器内液体混合程度的措施有哪些?

3.5 过滤实验

3.5.1 实验目的

(1) 了解板框过滤设备的构造和操作方法,掌握过滤问题的工程处理方法。

(2) 掌握恒压过滤常数 K、过滤介质阻力 q_e 及滤饼的压缩比 s 的测定方法。

(3) 加深对过滤操作中各种影响因素的理解。

3.5.2 实验原理

过滤是以某种多孔物质作为介质来处理悬浮液,将固体物从液体或气体中分离出来的过程。过滤是一种常用的固液分离操作,在外力作用下,悬浮液中的液体通过介质孔道,而固体颗粒被介质截留下来,从而达到分离的目的,如发酵液与固体渣之间的分离。因此,过滤操作本质上是流体通过固体颗粒床层的流动,所不同的是,固体颗粒床层的厚度随着过滤过程的进行不断增加,所以在过滤压差不变的情况下,单位时间得到的滤液量也在不断下降,即过滤速度不断降低。过滤速度 u 的定义是在单位时间单位过滤面积内通过过滤介质的滤液量,即

$$u=\frac{\mathrm{d}V}{A\,\mathrm{d}\tau}=\frac{\mathrm{d}q}{\mathrm{d}\tau} \tag{3-19}$$

式中,A 为过滤面积(m^2);τ 为过滤时间(s);q 为通过单位过滤面积的滤液量($\mathrm{m}^3/\mathrm{m}^2$);$V$ 为通过过滤介质的累计滤液量(m^3)。

可以预测,在恒定的压差下,过滤速率与过滤时间必有如图 3-8 所示的关系,单位面积的累计滤液量和过滤时间的关系如图 3-9 所示。

影响过滤速度的主要因素除势能差、滤饼厚度外,还有滤饼、悬浮液的性质、悬浮液温度、过滤介质的阻力等,故难以用严格的流体力学方法处理。比较过滤过程与流体经过固定床的流动可知:过滤速率为流体经过固定床的表观速率 u。同时,液体在由细小颗粒构成的滤饼空隙中的流动属于低雷诺数范围。因此,可利用流体通过固定床压降的简化数学模型,运用层流时泊肃叶公式寻求滤液量与时间的关系,推出过滤速度计算式:

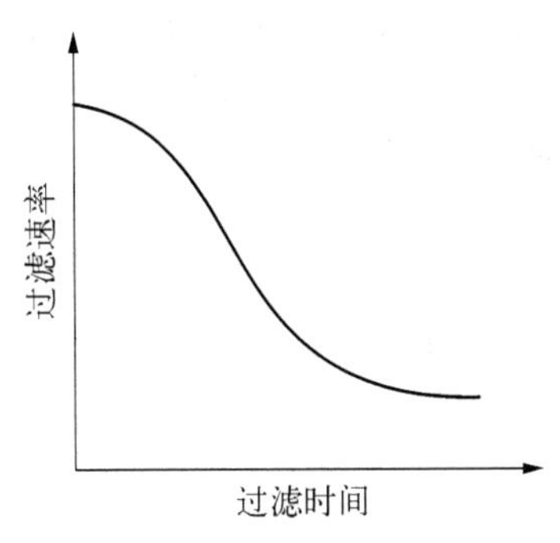

图 3-8　过滤速率和时间的关系

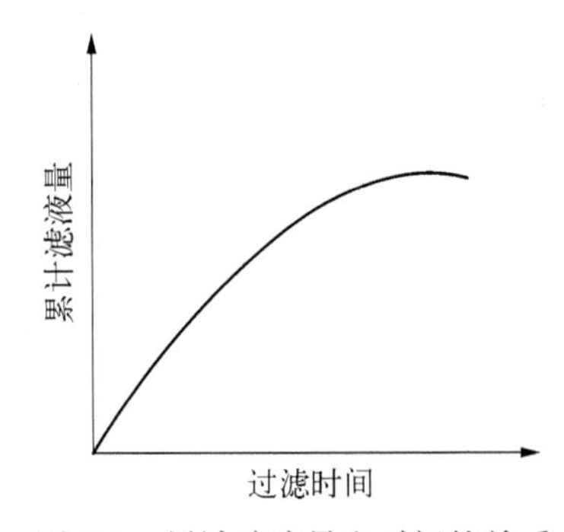

图 3-9　累计滤液量和时间的关系

$$u = \frac{1}{K'} \cdot \frac{\varepsilon^3}{a^2(1-\varepsilon)^2} \cdot \frac{\Delta p}{\mu L} \tag{3-20}$$

式中，u 为过滤速度(m/s)；K'为与滤饼空隙率、颗粒形状、排列等因素有关的常数，层流时 $K'=5$；ε 为床层的空隙率(m^3/m^3)；a 为颗粒的比表面(m^2/m^3)；Δp 为过滤的压强降(Pa)；μ 为滤液黏度(Pa・s)；L 为床层厚度(m)。

根据过滤过程的物料衡算，可以推导出：

$$L = \frac{\phi}{1-\varepsilon} q \tag{3-21}$$

如果将滤饼特性用滤饼比阻 γ 表示，有

$$\gamma = \frac{K' a^2 (1-\varepsilon)}{\varepsilon^3} \tag{3-22}$$

并且将滤饼与过滤介质的总压强降用 P 表示，综合各个影响参数，

$$K = \frac{2\Delta P}{\gamma \mu \phi} \tag{3-23}$$

则可以推导过滤速率的计算式为

$$\frac{dq}{d\tau} = \frac{K}{2(q+q_e)} \tag{3-24}$$

式中，$q_e=V_e/A$；V_e 为形成与过滤介质阻力相等的滤饼层所得的滤液量(m^3)；K 为过滤常数(m^2/s)。

在恒压差过滤时，上述微分方程积分后，可得：

$$q^2 + 2qq_e = K\tau \tag{3-25}$$

由上述方程可计算在过滤设备、过滤条件一定时，过滤一定滤液量所需要的时间，或者在过滤时间、过滤条件一定时为了完成一定生产任务，所需要的过滤设备的大小(过滤面积)。

利用上述方程计算时，需要知道 K、q_e 等常数，而 K、q_e 常数只有通过实验才能测定，在用实验方法测定过滤常数时，需将上述方程变换成如下形式：

$$\frac{\tau}{q} = \frac{q}{K} + \frac{2q_e}{K} \tag{3-26}$$

在实验时,要维持过滤器进、出口的操作压差恒定,计取过滤时间和相应的滤液量。以(τ/q)-q作图得一直线,分别读取直线斜率$1/K$和截距$2q_e/K$,可求取常数K和q_e。

对于不可压缩滤饼,滤饼比阻γ与过滤压强无关;而对于可压缩滤饼:

$$\gamma=\gamma_0\Delta P^s \tag{3-27}$$

式中,s为压缩比,一般为0～1。此时,K与ΔP^{1-s}成正比,可根据不同压差下的过滤常数K计算滤饼的压缩比s。

3.5.3 实验装置

本实验装置如图3-10所示,由空气压缩机、配料桶、供料泵、板框式过滤机、滤液计量槽等组成。

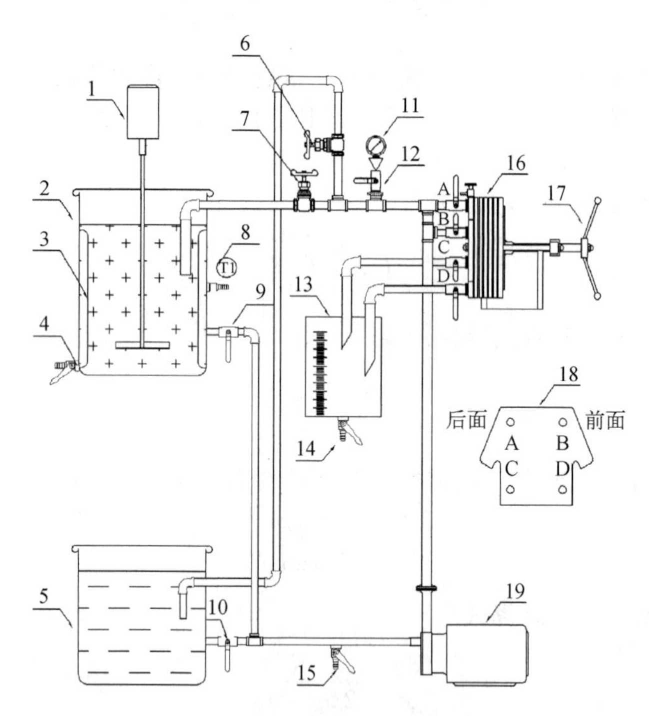

1—搅拌电机;2—原料槽;3—搅拌挡板;4,14,15—排液阀;5—洗水槽;6,7—调节阀;8—温度计;9,10,12—阀门;11—压力表;13—滤液计量槽;16—板框式过滤机;17—过滤机压紧装置;18—过滤板;19—旋涡泵。

图3-10 恒压过滤装置

设备主要技术参数如下:160 mm×180 mm×11 mm的不锈钢过滤板2块;过滤面积为0.047 5 m^2;327 mm×286 mm的计量桶;KSZ-1型搅拌器。

3.5.4 实验步骤

1. 实验准备工作

(1) 配制一定浓度的轻质碳酸钙悬浮液(浓度为6%～8%),加入滤浆槽内。

(2) 系统接上电源,开启总电源,开启搅拌(一般 30 r/min 左右),使滤液搅拌均匀,以浆液不出现旋涡为好。

(3) 在滤液水槽中加入水,水位在标尺 50 mm 处即可。

(4) 用湿滤布包好滤框,从板框压滤机的固定头端,依次安装非洗涤板、滤框、洗涤板、滤框、非洗涤板,然后压紧移动头端待用。

2. 过滤实验

(1) 全开阀门 9、7,其他阀门全部关闭。启动旋涡泵 19,打开阀门 12,利用料液回水阀 7 调节压力,使压力表 11 达到规定值。

(2) 待压力表 11 数值稳定后,打开滤液入口阀 A,随后快速打开过滤机出口阀门 C、D,开始过滤。当计量槽 13 内见到第一滴液体时开始计时,记录滤液高度每增加 10 mm 时所用的时间。当计量槽 13 读数为 150 mm 时停止计时,并立即关闭进料阀 A。

(3) 全开调节阀 7 使压力表 11 指示值下降,关闭漩涡泵开关。放出计量槽内的滤液倒回槽内(保证液位 50 mm),以保证滤浆浓度恒定。

3. 洗涤实验

(1) 洗涤实验时全开阀门 10、6,其他阀门全关。调节阀门 6 使压力表 11 达到过滤要求的数值。打开阀门 B,随后快速打开过滤机出口阀门 C 开始洗涤。等到阀门 C 有液体流出时开始计时,洗涤量为过滤量的四分之一。实验结束后,放出计量槽内的滤液到洗水槽 5 内。

(2) 开启压紧装置卸下过滤框内的滤饼并放回滤浆槽内,将滤布清洗干净。

(3) 改变压力值,从过滤开始重复上述实验。过滤压力分别为 0.05 MPa、0.10 MPa、0.15 MPa。

4. 注意事项

(1) 过滤板与过滤框之间的密封垫注意要放正,过滤板与过滤框上面的滤液进、出口要对齐。滤板与滤框安装完毕后要用摇柄把过滤设备压紧,以免漏液。

(2) 计量槽的流液管口应紧贴槽壁,防止液面波动影响读数。

(3) 由于电动搅拌器为无级调速,使用时首先接上系统电源,打开调速器开关,调速钮一定由小到大缓慢调节,切勿反方向调节或调节过快,以免损坏电机。

(4) 启动搅拌前,用手旋转一下搅拌轴以保证启动顺利。

(5) 每次实验结束后将滤饼和滤液全部倒回料浆槽中,保证料液浓度保持不变。

3.5.5 数据处理

(1) 收集 q、τ 的变化数据。

(2) 以 $\frac{\tau}{q}$ 对 q 作图,求出过滤常数 K 和滤布阻力 q_e。

(3) 以 $\lg K$ 对 $\lg \Delta P$ 作图,求出滤饼压缩比 s。

3.5.6 思考题

(1) 过滤刚开始时,为什么滤液经常是浑浊的?

(2) 当操作压强增加一倍时,K 值是否也增加一倍;要得到同样的过滤量时,其过滤时间是否缩短一半?

(3) 恒压过滤时,欲增加过滤速度,可采用哪些措施?

(4) 如果滤液的黏度比较大,可考虑用什么方法改善过滤速率?

(5) 恒压过滤和恒速过滤的操作现象有哪些区别?

3.6 换热器的操作和总传热系数的测定

3.6.1 实验目的

(1) 了解换热器的结构与工作原理,掌握换热器的操作方法与强化途径。

(2) 通过对空气-水蒸气系统光滑套管换热器及强化套管换热器的实验研究,掌握对流传热系数 α 的测定方法,加深对其概念和影响因素的理解。

(3) 学会并应用线性回归分析方法,确定传热管关联式 $Nu=ARe^{a}Pr^{b}$ 中常数 A 和 a 的数值。

3.6.2 实验原理

在工业生产中,换热器是经常使用的设备,在热电厂设备总数中占 50%,在石油化工厂设备总数中占 40%,在生物制品工厂设备总数中占 25%。因此,换热器在这类工厂的选用与设计中至关重要。了解换热器的结构、掌握换热器主要性能指标总传热系数、膜换热系数的测定方法及关联方法亦很重要。

热流体借助于传热壁面,将热量传递给冷流体,以满足生产工艺的要求。影响换热器传热量的参数有传热面积、平均温度差和总传热系数三要素。为了合理选用或设计换热器,应对其性能有充分的了解。除了查阅文献外,换热器性能实测是重要的途径之一。总传热系数是度量换热器性能的重要指标。为了提高能量的利用率,提高换热器的总传热系数以强化传热过程,是生产实践中经常遇到的问题。

列管换热器是一种间壁式的传热装置,冷热液体间通过壁面完成传热过程,由热流体对壁面的对流传热、间壁的固体传导和壁面对冷流体的对流传热三个传热子过程组成。对于冷流体走管程、热流体走壳程的间壁式对流给热过程,热流量可写成如下的形式。

$$\mathrm{d}Q=\alpha_1(t_\mathrm{W}-t)\mathrm{d}A_1=\alpha_2(T-T_\mathrm{W})\mathrm{d}A_2=\frac{\lambda}{\delta}(T_\mathrm{W}-t_\mathrm{W})\mathrm{d}A_\mathrm{m} \tag{3-28}$$

结合热量守恒方程

$$Q=q_{m1}C_{p1}(t_{出}-t_{进})=q_{m2}C_{p2}(T_{进}-T_{出}) \tag{3-29}$$

可推导出传热速率方程

$$Q=KA\Delta t_\mathrm{m} \tag{3-30}$$

其中,以管壁内表面(冷流体侧)计算的总传热系数为

$$K_1=\frac{1}{\dfrac{1}{\alpha_1}+\dfrac{\delta}{\lambda}\dfrac{d_1}{d_m}+\dfrac{1}{\alpha_2}\dfrac{d_1}{d_2}} \tag{3-31}$$

冷热流体逆流流动的平均推动力为

$$\Delta t_{m逆}=\frac{(T_{进}-t_{出})-(T_{出}-t_{进})}{\ln\dfrac{T_{进}-t_{出}}{T_{出}-t_{进}}} \tag{3-32}$$

式(3-28)～式(3-32)中，α_1、α_2 分别为冷、热流体的对流给热系数[W/(m^2·℃)]；A_1、A_2 分别为管壁内、外侧的传热面积(m^2)；A_m 为管壁内、外侧的平均传热面积(m^2)；t、T 分别为冷、热流体温度(℃)；t_W、T_W 分别为冷、热流体侧壁面温度(℃)；λ 为管壁的导热系数[W/(m·℃)]；δ 为管壁的厚度(m)；q_{m1}、q_{m2} 分别为冷、热流体的质量流量(kg/s)；C_{p1}、C_{p2} 分别为冷、热流体在定性温度下的比热容[kJ/(kg·℃)]；定性温度取进、出口温度的平均值。

本实验采用的换热器的内管为紫铜管，且管壁很薄，因此管壁热阻可忽略，对于空气-水蒸气系统的对流传热，由于 $\alpha_1 \ll \alpha_2$，总传热系数 K 近似等于空气的给热系数 α_1，可根据式(3-33)测定空气在不同流速下的给热系数。

$$\alpha_1 \approx \frac{Q}{A_1 \Delta t_m} \tag{3-33}$$

当流体在管内做强制湍流时，将对流给热系数的影响因素化为量纲一后，有如下的特征关联式：

$$Nu=ARe^a Pr^b \tag{3-34}$$

根据测出的不同流量下的 Re 与 Nu，用线性回归方法可以确定 A 和 a 的值。

强化传热的方法有多种，本实验采用了在内管内加螺旋线圈的方式。螺旋线圈由直径 3 mm 以下的铜丝和钢丝按一定节距绕成，将螺旋线圈插入并固定在内管内，即可构成一种强化传热管。在近壁区域，流体一面由于螺旋线圈的作用而发生旋转，一面还周期性地受到线圈的螺旋金属丝的扰动，因而可以使传热强化。由于绕制线圈的金属丝直径很细，流体旋流强度也较弱，所以阻力较小，有利于节省能源。螺旋线圈是以线圈节距与管内径的比值以及管壁粗糙度为主要技术参数，且长径比是影响传热效果和阻力系数的重要因素。

单纯研究强化手段的强化效果(不考虑阻力的影响)，可以用强化比的概念作为评判准则，它的形式是 Nu/Nu_0，其中 Nu 是强化管的努塞尔数，Nu_0 是光滑管的努塞尔数，显然，强化比 $Nu/Nu_0>1$，而且它的值越大，强化效果越好。需要说明的是，如果评判强化方式的真正效果和经济效益，则必须考虑阻力因素，阻力系数随着换热系数的增加而增加，从而导致换热性能的降低和能耗的增加，只有强化比较高、阻力系数较小的强化方式，才是最佳的强化方法。

3.6.3　实验装置和流程

本实验装置如图 3-11 所示，由旋涡气泵、蒸汽发生器、光滑套管换热器、强化套管换热器、孔板流量计等组成。

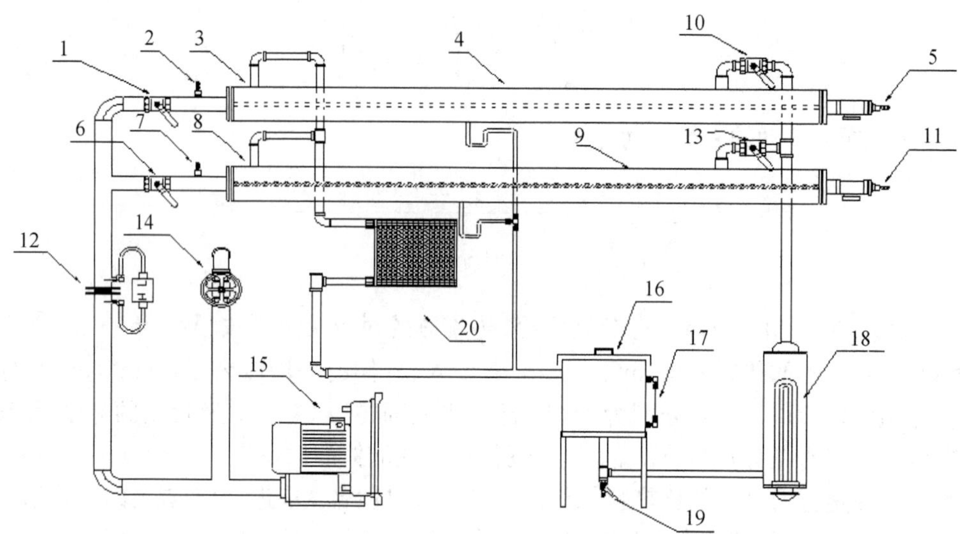

1—光滑管空气进口阀;2—光滑管空气进口温度;3—光滑管蒸汽出口;4—光滑套管换热器;5—光滑管空气出口温度;6—强化管空气进口阀;7—强化管空气进口温度;8—强化管蒸汽出口;9—强化套管换热器;10—光滑套管蒸汽进口阀;11—强化管空气出口温度;12—孔板流量计;13—强化套管蒸汽进口阀;14—空气旁路调节阀;15—旋涡气泵;16—储水罐;17—液位计;18—蒸汽发生器;19—排水阀;20—散热器。

图 3-11 传热实验装置示意图

本实验设备主要技术参数如下:内管管径为 ϕ22 mm×1 mm;外管管径为 ϕ57 mm×3.5 mm;紫铜内管有效管长为 1.2 m;强化内管螺旋线圈丝径为 1 mm,节距为 40 mm;孔板流量计孔径为 17 mm,孔流系数为 0.65;XGB-2 型旋涡气泵。

3.6.4 实验方法

1) 实验前的准备、检查工作

(1) 向储水罐中加水至液位计上端处。

(2) 检查空气流量旁路调节阀是否全开。

(3) 检查蒸汽管支路各控制阀是否已打开,保证蒸汽和空气管线的畅通。

(4) 接通电源总闸,设定加热电压,启动电加热器开关,开始加热。

2) 实验过程

(1) 关闭蒸汽通向强化套管的阀门 13,打开蒸汽通向光滑套管的阀门 10,当光滑套管壁温升到接近 100℃并保持 5 min 不变时,打开阀门 1,关闭阀门 6,启动风机开关。

(2) 启动风机后利用旁路调节阀 14 来调节流量,调好某一流量后稳定 3~5 min,分别记录空气的流量、空气进/出口的温度及壁面温度。然后改变流量,测量下组数据。一般从小流量到最大流量之间,要测量 5~6 组数据。

(3) 做完光滑套管换热器的数据后,要进行强化管换热器实验。先打开蒸汽支路阀 13,全部打开空气旁路阀 14,停风机。关闭蒸汽支路阀 10,打开空气支路阀 6,关闭空气支路阀 1,按以上步骤进行强化管传热实验。

(4) 实验结束后,依次关闭加热电源、风机和总电源,一切复原。

3) 注意事项

(1) 检查储水罐中的水位是否在正常范围内。特别是每个实验结束后,进行下一实验之前,如果发现水位过低,应及时补给水量。

(2) 必须保证蒸汽上升管线的畅通。即在给蒸汽加热釜电压之前,两蒸汽支路阀门之一必须全开。在转换支路时,应先开启需要的支路阀,再关闭另一侧,且开启和关闭阀门必须缓慢,防止管线截断或蒸汽压力过大突然喷出。

(3) 必须保证空气管线的畅通。即在接通风机电源之前,两个空气支路控制阀之一和旁路调节阀必须全开。在转换支路时,应先关闭风机电源,然后开启和关闭支路阀。

(4) 调节流量后,应至少稳定 5 min 后读取实验数据。

(5) 实验中应保持上升蒸汽量稳定,不应改变加热电压。

3.6.5 实验数据处理

(1) 记录不同空气流量下的冷流体进、出口温度及壁面温度。

(2) 计算不同流量下的 α_1、Nu、Re。

(3) 在双对数坐标上以 Nu 对 Re 作图,线性回归出光滑管和强化管的 A、a 值。

3.6.6 思考题

(1) 实验中有哪些因素影响实验的稳定性? 参数波动的原因有哪些?

(2) 影响传热系数 K 的因素有哪些? 强化传热要以什么为代价?

(3) 在传热中有哪些工程因素可以调动,在操作中主要调动哪些因素,应如何着手?

(4) 实验中如果改变冷、热流体走向,结果会有什么变化?

(5) 由本实验结果,分析本实验设备的优缺点。设计一种测定传热系数的实验方案。

3.7 填料吸收塔的操作和吸收系数的测定

3.7.1 实验目的

(1) 了解填料吸收塔的结构、性能和特点,掌握填料塔操作方法。

(2) 掌握填料吸收传质能力(传质单元数和回收率)和传质效率(传质单元高度和体积吸收总系数)的测定方法。

(3) 测定填料层压强降与操作气速的关系,确定在一定液体喷淋量下的液泛气速,加深对填料塔流体力学性能基本理论的理解。

(4) 了解气体进口条件的变化对吸收操作结果的影响。

3.7.2 实验原理

填料塔是一种应用广泛且结构简单的气液传质设备。它由一圆柱形塔体组成,其底部有一块带孔的支撑板用来支撑填料,并允许气液两相通过。支撑板上的填料有规整填料和散装填料两种。填料层之上有液体分布装置,将液体均匀喷洒在填料上。填料层中的液体往往有向塔壁流动的倾向,在填料层过高时,常将其分段,每段均设有液体再分布器,将沿壁流动的液体导向填料层内。

压强降是塔设计中的重要参数,气体通过填料层压强降的大小决定了塔的动力消耗。压

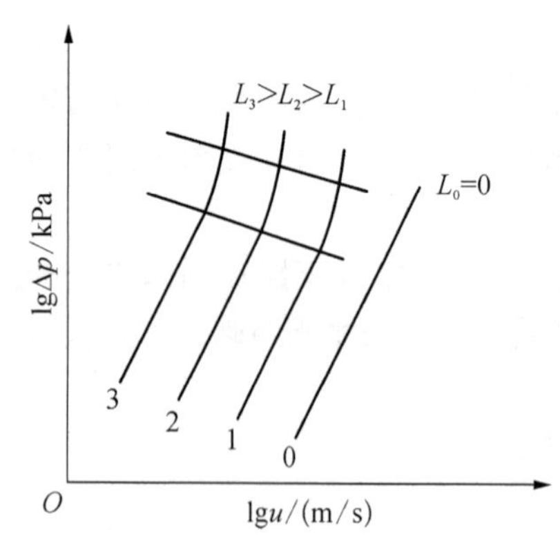

图 3-12 填料层的Δp与u的关系

强降与气、液流量均有关,不同液体喷淋量下填料层的压强降Δp与气速u的关系如图 3-12 所示。

当液体喷淋量$L_0=0$时,干填料的Δp与u的关系是直线。当有一定的喷淋量时,Δp与u的关系变成折线,并存在两个转折点,下转折点称为“载点”,上转折点称为“泛点”。这两个转折点将Δp与u的关系分为三个区段:恒持液量区、载液区及液泛区。

吸收是工业上常用的单元操作,是一种气液相际传质过程,通常在填料塔内进行。在生物工程生产中常用于发酵过程尾气的回收、净化、利用等。填料吸收塔多采用逆流操作,气体混合物由下至上呈连续相通过填料层孔隙,液体则沿填料表面流下,气液两相在塔内实现逆流接触,形成相际接触界面并进行传质。

吸收传质推动力既可以用气相溶质含量表示,也可以用液相溶质含量表示,其传质速率可用溶质在气相、液相内的单相传质速率或溶质在气液两相间的传质速率来表示。下面以溶质在气相的含量表示吸收推动力。

1) 吸收传质速率方程

溶质在气液相间的总吸收速率方程可表示为

$$N_A=K_Y(Y-Y^*) \tag{3-35}$$

式中,K_Y为气相总传质系数[kmol/(s·m²)];$(Y-Y^*)$为以溶质在气相的物质的量比表示的吸收推动力。

2) 填料层高度

对溶质做物料恒算,单位时间内由气相进入液相的溶质量等于气相溶质减少量:

$$V\mathrm{d}Y=N_A a\,\mathrm{d}H \tag{3-36}$$

式中,V为气相流率[kmol/(s·m²)];a为填料的有效比表面积(m^2/m^3);H为塔高(m)。结合式(3-34),可推导出填料塔高:

$$H=\frac{V}{K_Y a}\cdot\frac{Y_1-Y_2}{\Delta Y_m} \tag{3-37}$$

式中,$K_Y a$为气相总体积吸收传质系数[kmol/(s·m³)]。

3) 平均推动力ΔY_m

在直角坐标系上作出吸收操作线和平衡线,如图 3-13 所示,当平衡线为直线或近似直线时,

$$\Delta Y_m=\frac{\Delta Y_1-\Delta Y_2}{\ln(\Delta Y_1/\Delta Y_2)} \tag{3-38}$$

式中,$\Delta Y_1=Y_1-Y_1^*=Y_1-mX_1$,$\Delta Y_2=Y_2-Y_2^*=Y_2-mX_2$。

4) 传质系数

根据双膜理论,在一定的温度下

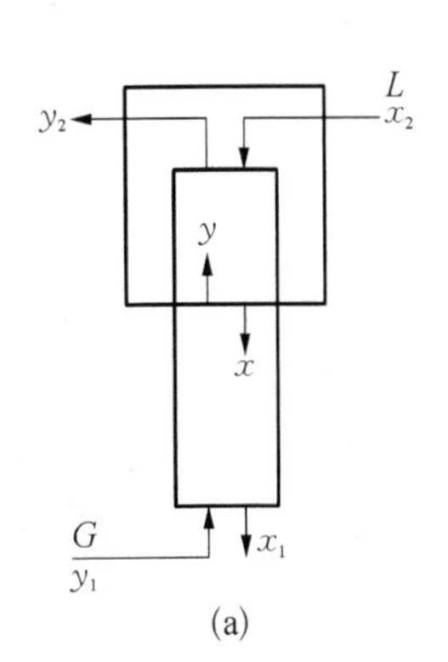

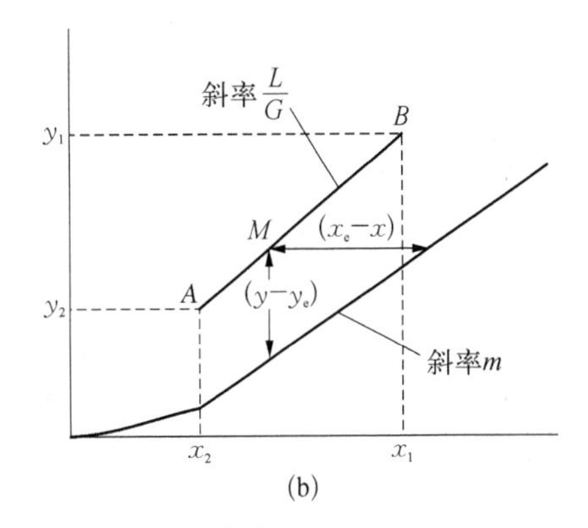

图 3-13　吸收操作线和平衡线

$$\frac{1}{K_{Y}a}=\frac{1}{k_{Y}a}+\frac{m}{k_{X}a} \tag{3-39}$$

式中，$k_{Y}a$ 为气膜吸收传质系数；$k_{X}a$ 为液膜吸收传质系数。显然，从上式可知，传质系数与气体流量和液体流量都密切相关。

5）吸收塔的操作和调节

吸收操作的结果最终表现在出口气体的组成或组分的回收率上。回收率的定义为

$$\eta=\frac{Y_1-Y_2}{Y_1}=1-\frac{Y_2}{Y_1} \tag{3-40}$$

吸收塔的气体进口条件是由实际工序决定的，控制和调节吸收操作结果的是吸收剂的进口条件：流率 L、温度 t 和溶质含量 X_2 三个要素。本实验采用的物系（空气-二氧化碳-水）不仅遵循亨利定律，而且气膜阻力可以不计，整个传质过程阻力都集中于液膜，即属液膜控制过程。

由吸收分析可知，改变吸收剂用量是对吸收过程进行调节的最常用方法。当气体流率 V 不变时，增加吸收剂流率 L，吸收速率 N_A 增加，溶质吸收量增加，那么出口气体的组成 Y_2 减少，回收率 η 增大。当液相阻力较小时，增加液体的流量，传质总系数变化较小或基本不变，溶质吸收量的增加主要是由传质平均推动力 ΔY_m 的增大而引起，即此时吸收过程的调节主要靠传质推动力的变化。但当液相阻力较大时，增加液体的流量，传质系数大幅度增加，而平均推动力可能减小，但总的结果使传质速率增大，溶质吸收量增大。

吸收剂入口温度对吸收过程影响也甚大，也是控制和调节吸收操作的一个重要因素。降低吸收剂的温度，使气体的溶解度增大，相平衡常数减小。

对于液膜控制的吸收过程，降低操作温度，吸收过程的阻力将随之减小，结果使吸收效果变好，而平均推动力或许减小。对于气膜控制的吸收过程，降低操作温度，过程阻力不变，但平均推动力增大，吸收效果同样将变好。总之，吸收剂温度的降低改变了相平衡常数，对过程阻力及过程推动力都产生影响，其总的结果使吸收效果变好，吸收过程的回收率增加。

吸收剂进口浓度是控制和调节吸收效果的又一重要因素。吸收剂进口浓度降低，液相进口处的推动力增大，全塔平均推动力也将随之增大，有利于吸收过程回收率的提高。

应该注意，当气液两相在塔底接近平衡时，欲提高回收率，用增大吸收剂用量的方法更有

效。但是,当气液两相在塔顶接近平衡时提高吸收剂用量,即增大 L/V,并不能使回收率有明显的提高,只有降低吸收剂入塔浓度才是有效的。

3.7.3 实验装置

本实验装置流程如图 3-14 所示,由空气泵、水泵、填料吸收塔、解吸塔、流量计、二氧化碳钢瓶等组成。实验装置主要技术参数如下:填料塔玻璃管内径为 0.05 m,塔高为 1.20 m,填料层高度为 0.98 m,内装 ϕ10 mm×10 mm 的瓷拉西环;XGB-12 型风机。流量测量仪表:LZB-6 型转子流量计测量范围为 0.06~0.6 m^3/h;LZB-10 型空气转子流量计测量范围为 0.25~2.5 m^3/h;LZB-10 型水转子流量计测量范围为 16~160 L/h。

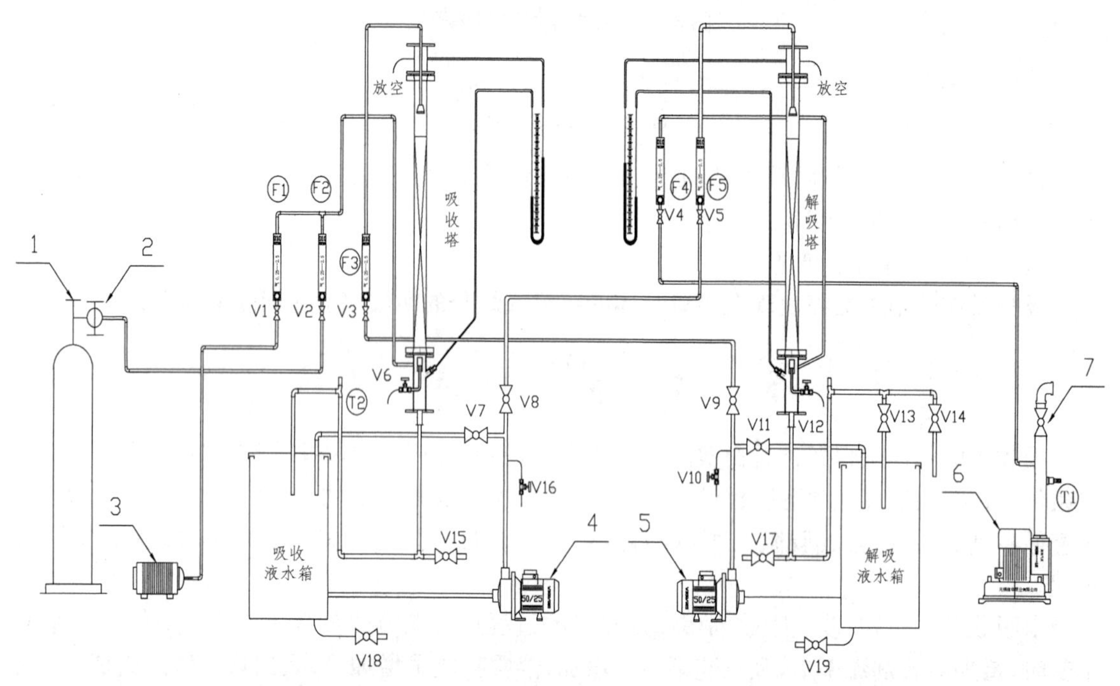

1—二氧化碳钢瓶;2—减压阀;3—吸收气泵;4—吸收液水泵;5—解吸液水泵;6—解吸风机;7—空气旁通阀;V1~V19—阀门;F1~F5—转子流量计;T1~T2—温度计。

图 3-14 吸收实验流程图

3.7.4 实验内容和实验步骤

1) 测量吸收塔干填料层 $\dfrac{\Delta P}{z}$ 与 u 的关系曲线

(1) 打开空气旁路调节阀 V7 至全开,启动解吸风机 6。

(2) 打开空气流量计 F4 下的阀门 V4,逐渐关小阀门 V7 的开度,调节进塔的空气流量。稳定后读取填料层压降ΔP,即 U 形管压强计的数值。

(3) 改变空气流量,从小到大共测定 5~8 组空气流量数据。在对实验数据进行分析处理后,在双对数坐标纸上以空塔气速 u 为横坐标,单位高度的压降 $\dfrac{\Delta P}{z}$ 为纵坐标,绘制干填料层

$\frac{\Delta P}{z}$ 与 u 的关系曲线。

2) 测量吸收塔在喷淋下湿填料层 $\frac{\Delta P}{z}$ 与 u 的关系曲线

(1) 打开解吸塔水泵，将水流量固定在 100～120 L/h 左右(水流量大小可因设备调整)，采用上面相同步骤调节空气流量，稳定后分别读取并记录填料层压降 ΔP、转子流量计读数和流量计处所显示的空气温度。

(2) 操作中随时注意观察塔内现象，一旦出现液泛，立即记下对应空气转子流量计读数。

(3) 根据实验数据在双对数坐标纸上标出液体喷淋量为 100 L/h 时的 $\frac{\Delta P}{z}$ 与 u 的关系曲线；并在图上确定液泛气速，与观察到的液泛气速相比较是否吻合。

3) 二氧化碳吸收传质系数测定

(1) 关闭吸收液水泵 4 的出口阀，启动吸收液水泵 4，关闭空气转子流量计 F1，将二氧化碳转子流量计 F2 与钢瓶连接。

(2) 打开吸收液转子流量计 F3，调节到 60 L/h，待有水从吸收塔顶喷淋而下，从吸收塔底的 π 形管尾部流出后，启动吸收气泵 3，调节转子流量计 F1 在 0.8 m^3/h 左右，同时打开二氧化碳钢瓶调节减压阀，调节二氧化碳转子流量计 F2 在 0.1 m^3/h 左右，按二氧化碳与空气的比例在 10%～20%计算出二氧化碳的空气流量。注意在开启二氧化碳总阀门前，要先关闭减压阀，且阀门开度不宜过大。

(3) 吸收进行 15 min 并操作达到稳定状态之后，测量塔底吸收液的温度，同时在塔顶和塔底取样，测定吸收塔顶、塔底溶液中二氧化碳的含量。分析二氧化碳浓度操作时动作要迅速，以免二氧化碳从液体中溢出导致结果不准确。

(4) 二氧化碳含量测定，用移液管吸取 0.1 mol/L 左右的 $Ba(OH)_2$ 标准溶液 10 mL，放入三角瓶中，并从取样口处接收塔底溶液 10 mL，用胶塞塞好振荡。溶液中加入 2～3 滴酚酞指示剂摇匀，用 0.1 mol/L 左右的盐酸标准溶液滴定到粉红色消失即为终点。按式(3-41)计算得出溶液中二氧化碳的浓度。

$$C_{CO_2}=\frac{2C_{Ba(OH)_2}V_{Ba(OH)_2}-C_{HCl}V_{HCl}}{2V_{样品}}(\text{mol/L}) \tag{3-41}$$

3.7.5　实验记录及数据处理

(1) 测定填料解吸塔压降与气速的关系，分析其流体力学性能。

(2) 实验中分别记录吸收剂的流量和进、出口温度，气体流量和气体进、出口温度，从而计算组分回收率 η 和吸收总体积传质系数 K_Ya。

3.7.6　思考题

(1) 从传质推动力和传质阻力两方面分析吸收剂流量和温度对吸收过程的影响。

(2) 从实验数据分析水吸收二氧化碳是气膜控制还是液膜控制。

(3) 当气体温度与吸收剂温度不同时，应按哪种温度计算亨利系数？

(4) 吸收操作与解吸操作有哪些异同点?

3.8 筛板式精馏塔的操作及塔板效率测定

3.8.1 实验目的

(1) 了解筛板式精馏塔的结构和精馏过程,学习精馏塔的操作方法。

(2) 观察筛板塔正常操作时塔板上气液两相的接触状况,同时观察不正常的操作现象如漏液、雾沫夹带及液泛现象。

(3) 测定全回流时的理论板数并计算总塔板效率。

(4) 学习部分回流时精馏塔的操作,分析其操作线的变化,测定相应的理论板数并计算总塔板效率。

3.8.2 实验原理

精馏是用于分离液体混合物的一种重要的单元操作,常在板式塔内进行。

板式塔是应用范围比较广的一种重要的气、液传质设备。塔板是板式塔的核心部件,它决定了塔的基本性能。为了有效地实现气、液两相之间的物质传递,要求塔板具有以下两个作用。

(1) 必须保持良好的气、液接触条件,造成较大的接触表面,而且接触表面应不断更新,以增加传质推动力。

(2) 从总体上来看,应保证气、液两相逆流流动,防止气、液短路。

在板式精馏塔中,混合溶液在塔釜内被加热汽化,蒸气通过各层塔板上升,当塔顶有冷凝液回流时,气液两相在塔板上接触,气相被部分冷凝,液相被部分汽化,实现了气液两相间的传质和传热。由于组分间挥发度的不同,气液两相每接触一次就进行一次分离,轻组分和重组分在逐板上升和下降过程中被逐渐提浓。如果在每一层塔板上,气液两相分离后组分的组成达到平衡时,该塔板被称为一块理论板。然而在实际操作的塔板上,由于气液相接触的时间有限,操作过程中可能出现气相或液相的返混,因而气液相很难达到平衡状态,即一块实际操作的塔板的分离效果达不到一块理论塔板的作用。因此要想达到分离要求,实际操作的塔板数要比理论塔板数多。

影响精馏分离能力的因素很多,主要有物料的物性因素、设备的结构因素和操作因素三个方面。对板式精馏塔,一般以塔板效率来概括塔板上的气液接触的状况和各种非理想流动对精馏过程的影响。塔板效率分为点效率、单板效率和总塔板效率,总塔板效率(或全塔效率)为理论塔板数与实际塔板数之比,表示为

$$\eta=\frac{N_{\mathrm{T}}}{N} \tag{3-42}$$

式中,N_{T} 为理论塔板数;N 为实际塔板数。

全塔效率是板式塔分离性能的综合度量,它不仅与影响点效率、板效率的各种因素有关,而且还把板效率随组成的变化也包括在内。因此,全塔效率综合了塔板结构、物理性质、操作

变量等诸因素对塔分离能力的影响。对于一个新物系，一般需由实验测定。

全回流是精馏塔的一种极限操作状况，它既不加料也不出料。由于全回流操作最容易达到稳定，所以在精馏装置开车和科学研究时常常采用。开车时通常先采用全回流操作，待塔内稳定后，再开始逐渐减少回流比，增大塔顶产品流量。全回流时精馏塔的操作线与对角线重叠，当分离要求相同时，全回流时所需理论板数为最小理论板数 $N_{\min}$，如图 3-15 所示。如果精馏分离的二元物系是理想溶液，物系的平均相对挥发度为 α，则最小理论板数的计算公式为

$$N_{\min}=\frac{\log\left[\left(\frac{x_{\mathrm{D}}}{1-x_{\mathrm{D}}}\right)\left(\frac{1-x_{\mathrm{W}}}{x_{\mathrm{W}}}\right)\right]}{\log\alpha} \tag{3-43}$$

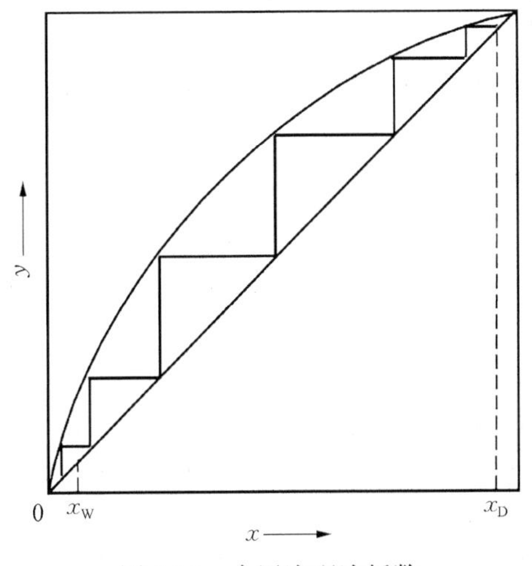

图 3-15 全回流理论板数

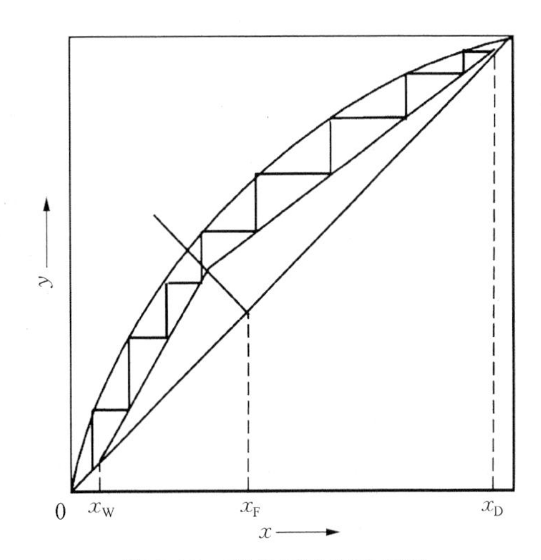

图 3-16 部分回流理论板数

当精馏塔采用部分回流操作时，根据入塔的原料液组成及热状态参数、塔顶馏出液组成及塔底釜液组成、操作的回流比，可以确定其操作线方程，进而求出相应的理论板数，如图 3-16 所示。如果精馏分离的二元物系是理想溶液，物系的平均相对挥发度为 α，还可以根据进料量和出料量，通过操作线方程及平衡线方程，逐板计算得到所需要的理论板数。

进料热状况参数的计算式为

$$q=\frac{C_{\mathrm{m}}(t_{\mathrm{B}}-t)+\gamma_{\mathrm{m}}}{\gamma_{\mathrm{m}}} \tag{3-44}$$

式中，t 为进料温度(℃)；t_{B} 为进料的泡点温度(℃)；C_{m} 为进料的比热容[kJ/(kmol・℃)]；γ_{m} 为进料的汽化潜热(kJ/kmol)。其中，

$$C_{\mathrm{m}}=C_1M_1x_1+C_2M_2x_2 \tag{3-45}$$

$$\gamma_{\mathrm{m}}=r_1M_1x_1+r_2M_2x_2 \tag{3-46}$$

式中，C_1、C_2 分别为纯组分 1、2 在定性温度下的比热容[kJ/(kg・℃)]；γ_1、γ_2 分别为纯组分 1、2 在定性温度下的汽化潜热(kJ/kg)；M_1、M_2 分别为纯组分 1、2 的摩尔质量(kg/kmol)；x_1、x_2 分别为纯组分 1、2 在进料中的摩尔分数；定性温度取进料温度 t 和泡点温度 t_{B} 的算术平均值。

观察精馏操作是否稳定,通常是观测监视塔顶产品质量的塔顶温度计读数是否稳定,塔内流体的流动状况是否稳定。维持稳定的精馏操作的条件为:

(1) 根据进料量及组成、产品的分离要求,严格维持总物料平衡和各组分的物料平衡。如果塔顶采出率过大,即使精馏塔有足够的分离能力,在塔顶仍不能获得合格产品。实验中通过调节塔釜加热电压使塔内维持正常操作。待釜温升至正常值时,按要求调整操作条件。精馏过程中塔内物料量是根据塔釜液位加以控制的。

(2) 精馏塔应有足够的分离能力。在塔板数一定的情况下,正常的精馏操作过程要有足够的回流比,才能保证一定的分离效果并获得合格的产品。分离能力不够引起产品不合格,其表现为塔顶温度升高,塔釜温度降低,塔顶、塔底产品不符合要求。一般可通过加大回流比来调节。根据物料衡算,增加回流比意味着塔顶产品的出料量减少,加大回流比的措施只能是通过增加上升蒸气量即增加塔底的加热速率及塔顶的冷凝量,这是以经济为代价的。此外,由于回流比的增大,塔内上升蒸汽量超过塔内允许的气液相负荷时,容易发生严重的液沫夹带或其他不正常现象,因此不能盲目增加回流比。

(3) 精馏塔操作时,应有正常的气液负荷量,避免发生以下不正常的操作状况。

① 严重的液沫夹带现象。当塔板上的液体的一部分被上升气流带至上层塔板,这种现象称为液沫夹带。液沫夹带是一种与液体主流方向相反的流动,属返混现象,是对操作有害的因素,使板效率降低。液体流量一定时,气体速度过大将引起大量的液沫夹带,严重时还会发生夹带液泛,破坏塔的正常操作。

② 严重的漏液现象。在精馏塔内,液体与气体应在塔板上错流接触,但是当气速较小时,部分液体会从塔板开孔处直接漏下,这种漏液现象对精馏过程是有害的,它使气、液两相不能充分接触。严重的漏液将使塔板上不能积液而无法正常操作。

③ 溢流液泛。因受降液管通过能力的限制而引起的液泛称溢流液泛。对一定结构的精馏塔,当气液负荷增大,或塔内某塔板的降液管有堵塞现象时,降液管内清液高度增加,当降液管液面升至溢流堰上缘时,降液管内的液体流量为其极限通过能力,若液体流量超过此极限值,板上开始积液,最终会使全塔充满液体,引起溢流液泛,破坏塔的正常操作。

(4) 灵敏板。对于物料不平衡和分离能力不够所造成的产品不合格现象,早期可通过灵敏板温度的变化得到预测。然后采取相应的措施以保证产品的合格。采出率和回流比减小时,灵敏板的温度均上升,但前者温度上升是突跃式的,而后者则是缓慢式的,据此可判别产品不合格的原因,并作相应的调整。

3.8.3 实验装置及试剂

本实验装置流程如图 3-17 所示,由筛板式精馏塔、冷凝器、再沸器、储液罐、进料泵、温度计、玻璃转子流量计、控制仪等组成。

精馏塔的主要结构参数如下:塔径为 ϕ57 mm×3.5 mm,塔高为 120 mm;筛板孔径为 2 mm;板间距为 100 mm;降液管直径为 ϕ8 mm×1.5 mm;塔釜直径为 ϕ220 mm×2 mm,高度为 410 mm;塔顶冷凝器直径为 ϕ89 mm×2 mm,长度为 500 mm;塔釜冷凝器直径为 ϕ76 mm×2 mm,长度为 240 mm。

实验中的物系为乙醇-正丙醇溶液,乙醇的质量分数为 15%~25%,采用阿贝折光仪测定溶液的浓度,即塔顶、塔底产品的组成。

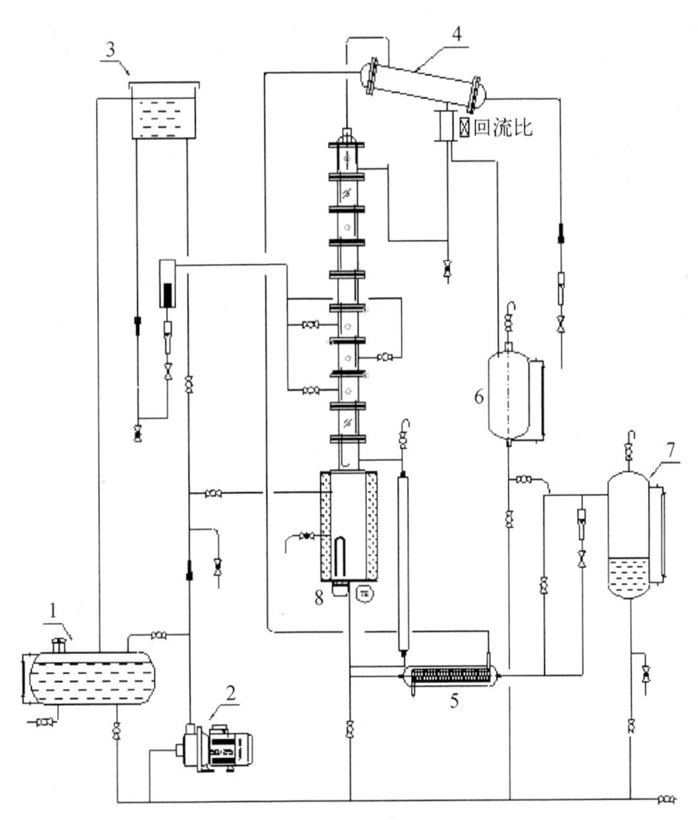

1—储料罐；2—进料泵；3—高位槽；4—塔顶冷凝器；5—塔釜冷凝器；
6—塔顶液回收罐；7—塔釜储液罐；8—塔釜加热器。

图 3-17　精馏装置流程

3.8.4　实验步骤

1）实验前检查准备工作

（1）将与阿贝折光仪配套使用的超级恒温水浴调整运行到所需的温度，并记录这个温度。将取样用注射器和镜头纸备好。

（2）检查实验装置上的各个旋塞、阀门均应处于关闭状态。

（3）配制一定浓度（质量分数为20%左右）的乙醇-正丙醇混合液（总体积为20 L左右），倒入储料罐。

（4）打开直接进料阀门和进料泵开关，启动进料泵，向精馏釜内加料到指定高度（冷液面在塔釜总高2/3处），然后关闭进料阀门和进料泵。

（5）配置不同浓度的乙醇-正丙醇混合液，测定乙醇浓度与折光指数的关系曲线。

2）全回流操作

（1）打开塔顶冷凝器进水阀门，保证冷却水足量（60 L/h即可）。

（2）记录室温，接通总电源开关。

（3）调节加热电压约为120 V，待塔板上建立液层后再适当加大电压，使塔内维持正常操作。

(4) 当各块塔板上鼓泡均匀后,保持加热釜电压不变,在全回流情况下稳定 20 min 左右。期间要随时观察塔内传质情况直至操作稳定。然后分别在塔顶、塔釜取样口用 50 mL 三角瓶同时取样,通过阿贝折射仪(见附录 1)分析样品浓度。

(5) 由于开车前塔内存在较多的不凝性气体(空气),开车以后要利用上升的塔内蒸气将其排出塔外,因此开车后要注意排气。

3) 部分回流操作

(1) 打开进料阀门,选择打开一加料板进料阀门,启动进料泵,调节转子流量计的流量,以 2.0~3.0 L/h 的流量向塔内加料,用回流比控制调节器调节回流比为 4,馏出液收集在塔顶液回收罐中。

(2) 塔釜产品经冷却后由溢流管流出,收集在塔釜储液罐内。

(3) 待操作稳定后,观察塔板上传质状况,记下加热电压、塔顶温度等有关数据,整个操作中维持进料流量计读数不变,分别在塔顶、塔釜和进料三处取样,用折光仪分析其浓度并记录下进塔原料液的温度。

4) 实验结束

(1) 取好实验数据并检查无误后可停止实验,此时关闭进料阀门和加热开关,关闭回流比调节器开关。

(2) 停止加热后 10 min 再关闭冷却水,一切复原。

(3) 为便于对全回流和部分回流的实验结果(塔顶产品质量)进行比较,应尽量使两组实验的加热电压及所用料液浓度相同或相近。连续开实验时,应将前一次实验时留存在塔釜、塔顶产品接收器内的料液倒回原料液储罐中循环使用。

3.8.5 数据处理

(1) 取样测定每次实验的精馏塔进料、塔顶、塔釜浓度,以此确定全回流下和部分回流下的理论板数和全塔效率。

(2) 记录进料量和进料温度、塔顶和塔釜及各板的温度变化,记录实验参数调节和精馏操作的关系。

3.8.6 思考题

(1) 精馏塔操作中,塔釜压力为什么是一个重要操作参数,塔釜压力与哪些因素有关?

(2) 板式塔气液两相的流动特点是什么?

(3) 操作中增加回流比的方法是什么,能否采用减少塔顶出料量的方法?

(4) 精馏塔在操作过程中,由于塔顶采出率太大而造成产品不合格,恢复正常的最快、最有效的方法是什么?

(5) 如果在本实验体系中确定了较好的回流比,将其用于其他物系的分离是否可行?

(6) 雾沫夹带、液泛、漏液的定义是什么?

3.9　液-液萃取塔的操作

3.9.1　实验目的

（1）了解振动筛板塔的结构特点，并掌握萃取塔的操作。

（2）观察萃取塔内两相流动现象，以及不同振动幅度下分散相液滴变化情况和流动状态。

（3）掌握液-液萃取时传质单元数、传质单元高度、总传质系数的实验测定方法，并分析外加能量对振动筛板萃取塔传质效率的影响。

3.9.2　基本原理

萃取是分离液体混合物的一种常用操作。它的工作原理是在待分离的混合液中加入与之不互溶（或部分互溶）的萃取剂，形成共存的两个液相。利用原溶剂与萃取剂对各组分的溶解度的差别，使原溶液得到分离。

液-液萃取与精馏、吸收均属于相际传质操作，它们之间有很多相似之处。为了促进两相的传质，在液-液萃取过程中经常借用外力将一相强制分散于另一相中。为了使混合的两相能够充分分离，萃取塔通常在顶部与底部有扩大的相分离段。

在萃取设备中，其中有一相充满设备的主要空间，呈连续流动，称为连续相；另一相以液滴的形式分散在连续相中，称为分散相。分散相的选择对设备的操作性能、传质效果有显著的影响，通常应从以下几方面考虑。

（1）一般将流量大的一相作为分散相以增加相际接触面积。如果两相的流量相差很大，并且萃取设备具有较大的轴向混合现象，则应将流量小的一相作为分散相。

（2）应考虑界面张力变化对传质面积的影响。对于系统的界面张力随溶质浓度增加而增加的系统，当溶质从液滴向连续相传递时，液滴的稳定性较差，容易破碎，而液膜的稳定性较好，液滴不易合并，所以形成的液滴的平均直径较小，相际接触面积较大。

（3）宜将不易润湿填料或筛板的一相作为分散相。为了减小塔径，提高两相分离的效果，应将黏度大的一相作为分散相。

为了使其中一相作为分散相，必须将其分散为液滴的形式。较小的液滴的相际接触面积较大，有利于传质。但是过小的液滴的内循环消失，液滴的行为近似固体球，传质系数下降，对传质不利。因此，液滴尺寸对传质的影响要同时考虑这两方面的影响。

同时，液滴的尺寸与液滴的运动速度有关，进而影响到萃取塔内连续相的泛点速度。一般较大的液滴，其泛点速度较高，萃取塔允许有较大的流通量；较小的液滴，泛点速度较低，萃取塔允许的流通量也较低。

研究萃取塔性能和萃取效率时，应注意了解以下几点：

（1）液滴分散与聚集现象；

（2）萃取塔的液泛现象；

（3）塔顶、塔底分离段的分离效果；

（4）外加能量大小（频率、振幅）对操作的影响。

萃取过程可被分解为理论级和级效率，或传质单元数和传质单元高度，对于振动塔这类微分接触的萃取塔,采用传质单元数和传质单元高度来处理。

传质单元数表示过程分离的难易程度。对于稀溶液,传质单元数为

$$N_{OR}=\frac{X_1-X_2}{\Delta X_m} \tag{3-47}$$

式中,N_{OR} 为以萃余相为基准的总传质单元数;X_1 和 X_2 分别为进、出塔萃余相中溶质的质量分数;ΔX_m 为平均推动力:

$$\Delta X_m=\frac{(X_1-Y_1/K)-(X_2-Y_2/K)}{\ln\dfrac{X_1-Y_1/K}{X_2-Y_2/K}} \tag{3-48}$$

其中,K 是操作条件下的溶质分配系数。

传质单元高度表示设备传质性能的好坏,可由下式表示:

$$H_{OR}=\frac{H}{N_{OR}} \tag{3-49}$$

式中,H_{OR} 为以萃余相为基准的传质单元高度;H 为萃取塔的有效接触高度。

3.9.3 实验装置

本实验装置流程如图 3-18 所示,由筛板萃取塔、电机、水泵、煤油泵、储水箱、煤油箱和转子流量计等组成。

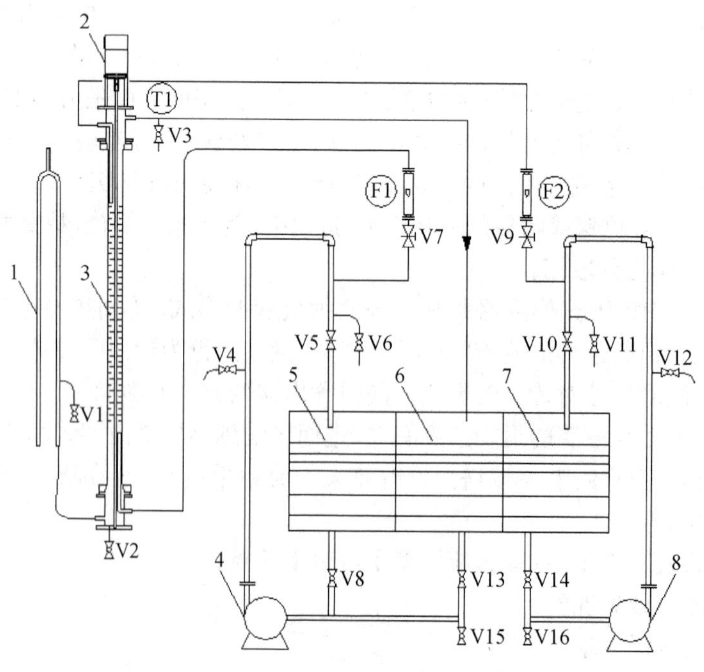

1—π 形管;2—电机;3—萃取塔;4—煤油泵;5—煤油箱;6—煤油回收箱;7—储水箱;8—水泵;F1—煤油流量计;F2—水流量计。

图 3-18 振动筛板萃取塔实验流程

振动筛板塔的结构特点是上下两端各有一沉降室，使每相能在其中停留一定的时间，保证两相的分层。塔内的无溢流筛板不与塔体相连，而是固定在一根中心轴上。振动塔的中心轴由塔外的曲柄连杆机构驱动，以一定的频率和振幅往复运动。当筛板向上运动时，筛板上侧的液体通过筛孔向下喷射；筛板向下运动时，筛板下侧的液体通过筛孔向上喷射，使两相液体处于高度湍动状态，使液体不断分散并推动液体上下运动。

实验装置主要技术参数如下：塔径为 50 mm，塔身高度为 1 000 mm，萃取塔有效高度为 750 mm；水泵、油泵均为 CQ 型磁力驱动泵，型号为 WD50/025；LZB-4 型转子流量计；无级调速器调速范围为 0～800 r/min。

3.9.4　实验步骤

以水为溶剂萃取煤油中的苯甲酸，萃取剂与料液质量比为 1∶1。以煤油为分散相，水为连续相，进行萃取过程的操作。

(1) 首先在水箱内放满水，在煤油贮槽内放满含一定浓度苯甲酸的煤油溶液，分别开动水相和煤油相送液泵的开关，打开两相回流阀，使其循环流动。

(2) 全开水转子流量计调节阀，将重相送入塔内。当塔内水面逐渐上升到重相入口与轻相出口之间的中点时，将水流量调至指定值(约 4 L/h)，并缓慢改变 π 形管高度，使塔内液位稳定在重相入口与轻相出口之间中点左右的位置上。

(3) 将调速装置的旋钮调至零位接通电源，开动电机固定转速。调节桨叶转速时一定要小心谨慎，慢慢升速，千万不能增速过猛使马达产生“飞转”损坏设备。最高转速机械上可达 800 r/min。从流体力学性能考虑，若转速太高，容易液泛，操作不稳定。对于煤油-水-苯甲酸物系，建议在 400 r/min 以下操作。

(4) 将轻相流量调至指定值(约 6 L/h)，并注意及时调节 π 形管高度。在实验过程中，始终保持塔顶分离段两相的相界面位于重相入口与轻相出口之间中点左右。煤油的实际体积流量并不等于流量计指示的读数。需要用到煤油的实际流量数值时，必须用流量修正公式对流量计的读数进行修正后，数据才准确。

(5) 操作过程中，要绝对避免塔顶的两相界面过高或过低。若两相界面过高，到达轻相出口的高度，则会导致重相混入轻相贮罐。

(6) 维持操作稳定半小时后，用锥形瓶收集轻相进、出口样品各约 20 mL，准备分析浓度使用。

(7) 取样后，改变电机转速，其他条件维持不变，进行第二个实验点的测试。由于分散相和连续相在塔顶、塔底滞留量很大，改变操作条件后，稳定时间一定要足够长(约半小时左右)，否则误差会比较大。

(8) 用容量分析法分析样品浓度。具体方法如下：用移液管分别取煤油相 5～10 mL，加等体积的纯净水，以酚酞做指示剂，用 0.05～0.1 mol/L 的 NaOH 标准液滴定样品中的苯甲酸，滴定中激烈摇动至终点。

(9) 实验完毕后，关闭两个流量计。将调速器调至零位，使搅拌轴停止转动，切断电源。滴定分析过的煤油应集中存放回收。洗净分析仪器，一切复原，注意保持实验台面整洁。

3.9.5 数据处理

(1) 计算不同转速下的传质单元数和传质单元高度,描述传质单元高度与振动频率的关系。

(2) 观察萃取过程中的液泛现象。

3.9.6 思考题

(1) 在萃取过程中选择连续相、分散相的原则是什么?

(2) 液-液萃取设备与气液传质设备有何主要区别?

(3) 什么是液泛,实验中如何确定液泛速度?

(4) 对液-液萃取来说,是否外加能量越大越有利?

3.10 反渗透膜分离过程中传质系数的测定

3.10.1 实验目的

(1) 测定反渗透操作时的传质系数。

(2) 确定浓差极化模数。

3.10.2 实验原理

对于压力驱动膜,由于被截留的溶质在膜表面处累积,膜表面的浓度 C_m 将高于溶液主体的浓度 C_b,造成浓度极化现象。浓度极化模数 CP 为

$$CP = \frac{C_m - C_p}{C_b - C_p} = \exp\left(\frac{J_V}{k}\right) \tag{3-50}$$

式中,C_p 为透过液的浓度;J_V 为膜通量;k 为传质系数。要求得膜表面的浓度 C_m,就需要先求得传质系数 k。

对反渗透过程,式(3-50)可写为

$$CP = \frac{\pi_m - \pi_p}{\pi_b - \pi_p} = \exp\left(\frac{J_V}{k}\right) \tag{3-51}$$

式中,π_m、π_b、π_p 分别为膜表面、溶液主体、渗透液的渗透压。

对于纯水系统:

$$(J_V)_{H_2O} = L_p \Delta p \tag{3-52}$$

式中,Δp 为膜两侧的操作压力;L_p 为膜的渗透系数。

对于含有盐的系统:

$$(J_V)_{salt} = L_p[\Delta p - (\pi_m - \pi_p)] \tag{3-53}$$

由式(3-52)和式(3-53)可得:

$$\pi_m - \pi_b = \Delta p\left[1 - \frac{(J_V)_{salt}}{(J_V)_{H_2O}}\right] \tag{3-54}$$

由式(3-51)和式(3-54)可得传质系数 k 的计算公式：

$$k = \frac{(J_V)_{salt}}{\ln\left\{\frac{\Delta p}{\pi_b - \pi_p}\left[1 - \frac{(J_V)_{salt}}{(J_V)_{H_2O}}\right]\right\}} \tag{3-55}$$

3.10.3　实验装置

实验装置如图3-19所示。系统主要由储槽、增压泵、膜组件、换热器等组成。溶液由储槽经增压泵流过反渗透膜组件后，分成渗透液和浓缩液两股，流回储槽。渗透液流量由流量计测得。换热器将液体流经泵得到的热量移去，从而保持系统在恒定的温度下操作。

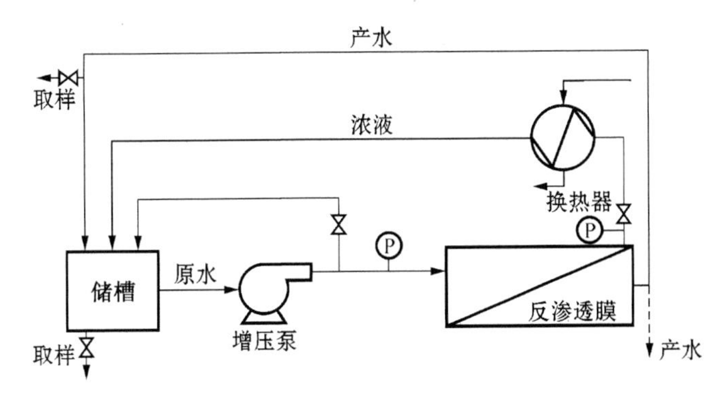

图3-19　渗透膜传质系数测定装置示意图

本实验选用ESPA4021反渗透膜，性能如下。

最大压力：2.1 MPa；

最大氯浓度：0.1 mg/L；

最大操作温度：113℉(45℃)；

进水pH值范围：3.0～10.0；

最大进水浊度：1.0 NTU；

最大进水SDI(15 min)：5.0；

最大进水流量：12 GPM(45.4 L/min)；

浓液与产水的最大比例：5∶1；

单组元件最大压降：10 psi(1 psi＝0.007 MPa)；

有效膜面积：32.8 ft^2(3.25 m^2)；

透水量：3.8 m^3/d[测试条件：测试溶液为(1 500±100) mg/L 的 NaCl；测试压力为(150±5)psi；pH 值为6.5～7.0]；

水回收率：(10±5)%[测试温度：(25±4)℃]。

3.10.4　实验步骤和数据处理

(1) 保持运行时压力为7 atm(1 atm＝1.013 25×10^5 Pa)，在一定流量下进行蒸馏水的实验,测得蒸馏水的渗透液流量,换算成体积通量$(J_V)_{H_2O}$,单位为 L/(m² · h);然后在同样条件下加入 5 g/L 的 NaCl 溶液,测定此时渗透液的流量,得到$(J_V)_{salt}$;之后测定主体溶液和渗透液的浓度,计算得到π_b、π_p。

(2) 渗透压按$\Pi = iRTC$计算。式中,i 为范托夫因子;R 为气体常数;T 为温度;C 为盐浓度。试验中可按 1 g/L NaCl 渗透压为 0.76 bar(1 bar=10^5 Pa)进行计算。

(3) 由式(3-55)计算得到传质系数。

(4) 计算浓差极化模数。

(5) 改变流量,可测得不同条件下的传质系数值和浓差极化模数。

3.10.5 思考题

(1) 反渗透的原理是什么?

(2) 反渗透的脱盐率与哪些因素有关?

(3) 防止反渗透膜结垢的方法主要有哪些?

第4章　单元操作综合性实验

本章包括了9个单元操作综合性实验。通过这些实验操作，学生们可以进一步掌握生物工程领域常用的各种单元操作原理，提高学生的实验动手能力，培养学生的工程素质。

4.1　管路拆卸和安装实验

生物工程过程中绝大多数流体的输送是通过管路完成的。为了能使生产正常运行，必须保证输送物料的管路安全通畅。本实验将考查学生对管道系统的识图、搭建、开车、试运行和检修等过程，从而使学生认知管路系统的安装与运行；训练学生合理使用工具、合理放置部件、管路试压与流量切换的技能操作，培养学生实际动手能力，为后续专业实验打下坚实的基础。

4.1.1　实验目的

(1) 熟悉工程管路与机泵拆装常用工具的种类及使用方法。

(2) 掌握工程管路中管件和阀门的种类及连接方法，了解压力表、真空表、转子流量计等仪表的工作原理及使用方法。

(3) 了解工程管路的安装特点，能够根据管路布置图安装管路系统，并能对安装的管路进行试漏、拆卸。

4.1.2　实验原理

管路的连接是根据相关标准和图纸要求，将管子与管子或管子与阀门等连接起来，以形成严密整体从而达到使用目的。

管路的连接方法有多种，生物工程管路中最常见的有螺纹连接和法兰连接。螺纹连接主要适用于镀锌焊接钢管的连接，它是通过管子上的外螺纹和管件上的内螺纹拧在一起而实现的。焊接钢管采用螺纹连接时，使用的是牙型角55°。管螺纹有圆锥管螺纹和圆柱管螺纹两种，管道多采用圆锥形外螺纹，管箍、阀件、管件等多采用圆柱形内螺纹。此外，管螺纹连接时，一般要加聚四氟乙烯等作为填料。法兰连接是通过连接法兰及紧固螺栓、螺母、压紧法兰中间的垫片而使管道连接起来的一种方法，具有强度高、密封性能好、适用范围广、拆卸安装方便的特点。通常情况下，采暖、煤气、中低压工业管道常采用非金属垫片，而在高温高压和化工管道上常使用金属垫片。

法兰连接的一般要求如下：① 安装前应对法兰、螺栓、垫片进行外观、尺寸、材质等检查。② 法兰与管子组装前应对管子端面进行检查。③ 法兰与管子组装时应检查法兰的垂直度。④ 法兰与法兰对接连接时，密封面应保持平行。⑤ 为便于安装、拆卸法兰、紧固螺栓，法兰平面距支架和墙面的距离不应小于200 mm。⑥ 工作温度高于100℃的管道的螺栓应涂一层石墨粉和机油的调和物，以便日后拆卸。⑦ 拧紧螺栓时应对称成十字交叉进行，以保障垫片各处受力均匀；拧紧后的螺栓露出丝扣的长度不应大于螺栓直径的一半，并不应小于2 mm。⑧ 法兰连接好后，应进行试压，发现渗漏，需要更换垫片。⑨ 当法兰连接的管道需要封堵时，则采用法兰盖;法兰盖的类型、结构、尺寸及材料应和所配用的法兰相一致。⑩ 法兰连接不严,要及时找出原因进行处理。

4.1.3 实验装置

本实验的装置流程如图 4-1 所示,由离心泵、储水罐、流量计、真空表、压力表和各种阀门等管件组成。

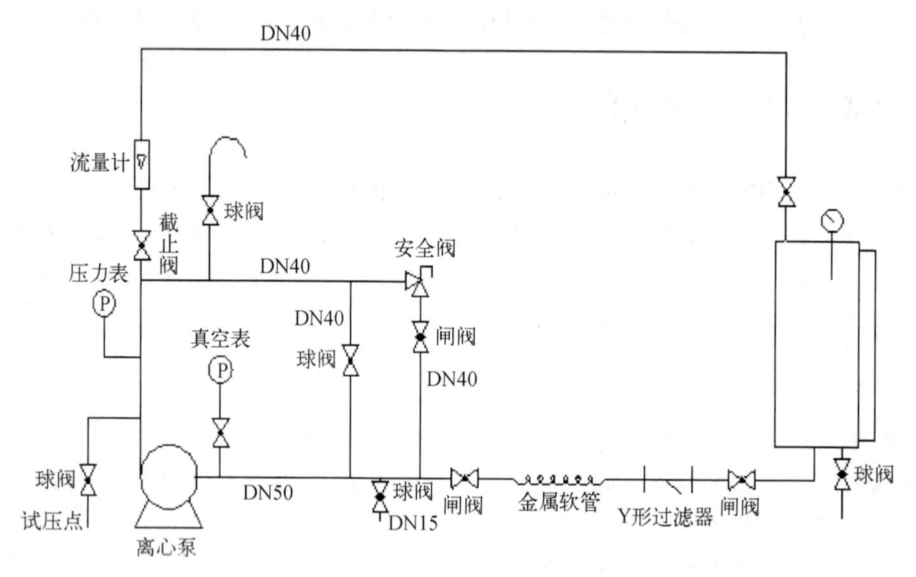

图 4-1 实验装置流程

4.1.4 基本操作步骤

(1) 操作前佩戴好手套、安全帽等防护工具。

(2) 操作前先将拆装管路内的水放净,并检查阀门是否处于关闭状态(阀门应处于关闭状态)。

(3) 拆装。拆卸顺序:由上至下,先仪表后阀门,拆卸过程注意不要损坏管件和仪表,拆下来的管子、管件、仪表、螺栓要分类放置好,以便于后续安装。

(4) 组装。

① 法兰与螺纹的接合。安装时应保证法兰用同一规格螺栓安装并保持方向一致,每支螺栓加垫片不超过一个,法兰也同样操作,加装盲板的法兰除外。螺纹接合时要做到生料带缠绕方向正确、厚度合适,螺纹与管件咬合时要对准,拧紧用力要适中。拧紧螺栓时应对称,十字交叉进行,以保证垫片处受力均匀,拧紧后的螺栓露出丝口长度不大于螺栓直径的一半,并且不小于 2 mm。同时要注意正确安装使用 8 字盲板。

② 阀门的安装。阀门安装前要将内部清理干净,关闭好再进行安装,对有方向性的阀门要与介质流向吻合,安装好的阀门手轮位置要便于操作。

③ 流量计、压力表及过滤器的安装,按具体安装要求进行。要注意流向,有刻度的位置要便于读数。

(5) 进行管道或部件水压实验时,升压要缓慢,升压避免敲击或站在堵头对面,稳压后方可进行检查,非操作人员不得在盲板、法兰、焊口、丝口处停留。

(6) 学会使用手动加压泵,能按试压程序完成试压操作,在规定压强下和规定时间内,管路所有接口无渗漏现象。一般实验压力为350 kPa(表压),稳压时间为5 min,允许波动范围为−20%~20%。

4.1.5　操作中应注意的事项

试压操作前,一定关闭泵进口真空表的阀门,以免损坏真空表。另外本装置所使用压力表为0~0.4 MPa,加压时不要超过0.4 MPa,以防损坏压力表。

操作中,安装工具要使用恰当。法兰安装中要做到对得正、不反口、不错口、不张口。安装和拆卸过程中注意安全防护,不出现安全事故。

4.1.6　思考题

(1) 截止阀安装时,为了减少阻力,流体应从哪个方向流入阀门?

(2) 法兰连接的组成零件有哪些?连接要求是什么?

(3) 单向阀的原理是什么?适用什么介质?

(4) 螺纹连接是靠什么来密封的?

4.2　高速管式离心机沉降分离实验

4.2.1　实验目的

(1) 熟悉高速管式离心机沉降分离的操作。

(2) 用显微镜法测定发酵液和上清液中的菌数分布,并与理论对照。

(3) 测定发酵液高速管式分离的效果,寻求最佳分离条件。

4.2.2　实验原理

高速管式离心机是利用离心力来达到液体与固体颗粒、液体与液体的混合物中各组分分离的机械设备。其分离的最小粒径为1 μm,特别对一些液固相比重差异小,固体粒径细、含量低,介质腐蚀性强等物料的提取、浓缩、澄清较为适用。与其他分离机械相比,具有可以得到高纯度的液相和含湿量较低的固相,而且具有连续运转、自动控制、操作安全可靠、节省人力、占地面积小、减轻劳动强度和改善劳动条件等优点,被广泛应用于血液制品、生化、制药、食品、饮料等行业。

这种离心机的转鼓直径较小而长度较长,一般转鼓直径为40~150 mm,长度与直径之比为4∶8,形状如管,故也称管式分离器。管式离心机的分离因素可达15 000~65 000。在沉降离心机中,这种离心机的分离因素最高,因而分离效果最好,适于处理固体颗粒直径为0.1~100 μm、固液相密度差大于0.01 g/cm^3、固相浓度小于1%的难分离悬浮液和乳浊液,每小时处理能力为0.1~4 m^3。

管式离心机工作时,物料在一定的压力下由下端进料管进入转鼓,利用转鼓的离心力进行分离。根据处理物料性质的不同,管式离心机可分为GF型(分离型)和GQ型(澄清型)两大类。GF型管式离心机主要对液-液-固的乳浊混合液进行分离。分离乳浊液时,密度大的液

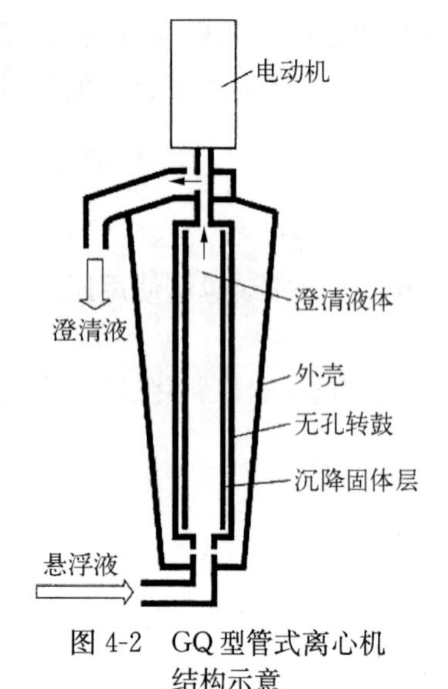

图 4-2　GQ 型管式离心机结构示意

相形成外环,密度小的液相形成内环,轻、重液分别从上端盖近中心处的轻液出口和靠近鼓壁处的重液出口连续排出,分别引至各自接料盘;根据轻、重液的密度不同,使用调节环来调整重液出口的大小,令转鼓内两相分界面控制在适当的位置上,以满足分离工艺的要求。溶液中微量固体沉积在转鼓壁上,待停机后人工卸出。GQ 型管式离心机主要对悬浮液进行液-固分离。澄清的液体从转鼓上滤出口排出;固体颗粒则逐渐沉积在转鼓内壁形成沉渣层,运转一段时间后,转鼓内聚集的沉渣增多,转鼓的有效容积减少,需停机清除转鼓内沉渣。图 4-2 为 GQ 型管式离心机的结构示意图。

离心分离时,颗粒的沉降速度可按照斯托克斯公式算出:

$$u_{沉}=\frac{d^2(\rho_{固}-\rho_{液})\omega^2R}{18\mu g} \tag{4-1}$$

式中,d 为分离粒径(m);$\rho_{固}$ 和 $\rho_{液}$ 分别为固体粒子和液体的密度(kg/m^3);μ 为液体的黏度(Pa・s);g 为重力加速度(m/s^2);ω 为转动的角速度(1/s);$\frac{\omega^2R}{g}$ 称为分离因素,它与离心机的直径 D(m)和转速 n(r/min)相关。

直径为 d 的颗粒从自由液面沉降到鼓壁的时间如果小于等于该颗粒随液体在轴向上移动的距离 L 所需的时间,颗粒即可被分离。

$$\frac{L}{u}=\frac{D}{2u_{沉}} \tag{4-2}$$

式中,L 为离心机转鼓长度(m);u 为流体在离心机中移动的速度,$u=\frac{q_V}{(\pi/4)D^2}$;q_V 为离心机按悬浮液计的生产能力(m^3/s)。

因此,用于确定分离颗粒并对实际计算有足够准确度的方程式具有下列形式:

$$d=\frac{45.75}{nD}=\sqrt{\frac{q_V\mu g}{L(\rho_{固}-\rho_{液})}} \tag{4-3}$$

4.2.3　实验装置及设备

本实验所用的管式离心机型号为 GQ-76(见图 4-3),其转鼓直径为 76 mm,最大转速为 20 000 r/min;转鼓内固体容积为 2 L,最大分离因素为 17 000。

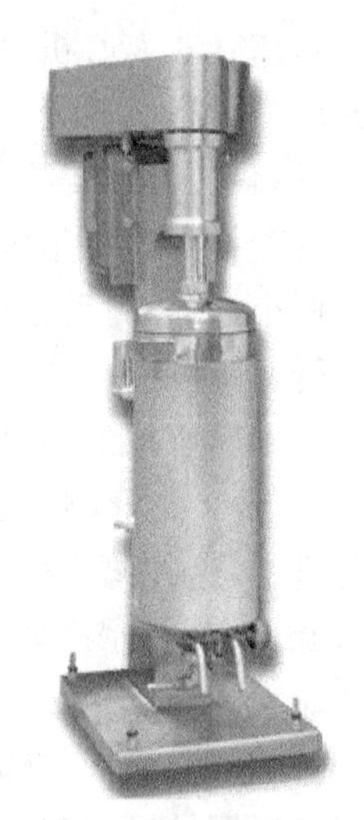
图 4-3　本实验所用的管式离心机装置

4.2.4　实验步骤与方法

1) 高速管式离心机安装及说明

(1) 转子装配:转筒内外壁、配合面及丝扣部位必须仔细检查是否损坏,筒内有无异物,内外表面是否清洁。将转筒置于托架上,把清洗烘干后的三叶板依规定记号的位置平行推入筒内,使顶锥端部与转筒下端面齐平。检查下盖,查看密封圈是否完好,头部下盖衬圈不能松动或过分磨损,调换要用专用夹具。用梅花扳手、柔性锤子将端盖旋紧在转筒上,直至与规定记号对齐。

(2) 机头装配:滚动轴承、轴、皮带轮、轴承套必须经过仔细清洗,滚动轴承烘干后加入适量润滑油,其他零件各配合面涂以少量机油,以便装配。上述零件按照结构依次装入轴承套,装入机头腔体内。轴承组件装入轴承套,皮带轮装上轴承盖,放在平板上,用专用工具使皮带轮装入,端部装上轴用弹性挡圈,最后装入机头腔体内,拧紧轴承盖螺丝。

(3) 总装:机头对准规定部位装入机身壳头部,用紧固螺钉固定。在机头下部旋入压管(保护套),主轴装入连接螺帽,然后从下部插入机头,花键从轴上部装入,用锥面螺钉固定。底部轴承从机身下部装入,此时两个锁紧手柄置于上部位置,轴承装入后,锁紧手柄向外旋转至向下垂直位置。将转子装入机身壳体,支撑于下轴承螺帽上,然后装上接液盘。从转子头部卸下保护螺帽,先用两手使转子与主轴通过连接螺帽连接,然后用两个专用扳手使之拧紧。用手旋转转子,确认无异常后,使接液盘装上密封圈,压管正确就位,用手拧紧压管,使之紧固。从底部装入进液管接头,装好输出管道。装上皮带,压带轮,用手拨动旋转,认可后可作空载试运行,一切正常后装上皮带罩,拧紧螺钉。

2) 离心分离实验

(1) 开机前要检查离心管是否拧紧,积液盘、保护螺套是否已经正确就位,并旋紧。经检查一切确认无误后方可启动离心机,先点动 1～2 次,每次点动间隔 2～3 s,然后启动。

(2) 稳定运转 2～3 min 后方可打开进料阀门,先把阀门开小,待澄清的液体流出集液盘的接嘴后,将阀门开到一定的流量(根据发酵液的特性设定),进行液体的澄清,在分离过程中最好不要中途停止加料。

(3) 分离操作中,观察出液流量是否正常,观察澄清度是否满足要求,待到出液口的液体变混时,停机排渣。

(4) 大肠杆菌发酵液经转子流量计计量入离心机。离心机的生产能力以流量计与秒表确定。悬浮液的温度由精密玻璃温度计测定,并以此确定水的黏度。上清液样品经处理后用显微测微法测定活菌数,并与计算值比较。

(5) 大肠杆菌发酵液在高速管式离心机转速和流量各处于 2 个水平:20 000 r/min、15 000 r/min,以及 1 m^3/h、1.5 m^3/h 下,测定被澄清的液体的分离因素、临界粒径、活菌数,求活菌数的最佳分离条件。

(6) 停机前必须先关进料阀门,等到集液盘不流液体时,方可停机。停机方法是断开电源,自由停机。完全停止后取下转鼓带上保护帽,放在固定架上,用专用扳手拆开转鼓的低轴,用拉钩取出三翼板。用刮板、铲子将转鼓内的沉渣及固相物清除,并清洗干净。然后将三翼板装入转鼓内,注意将三翼板扳至转鼓的顶部(并将其定位标记与转鼓定位标记对正),旋上底轴,用底轴扳手将底轴定位,使底轴上的标记靠近转鼓上定位标记。

4.2.5　实验数据处理

用正交设计法求大肠杆菌发酵液澄清液体中活菌数的最佳分离条件。因子为发酵液浓度、转速、流量、活菌数。

4.2.6 思考题

(1) GF 型和 GQ 型的管式离心机有什么区别?

(2) GQ 型管式离心机有哪些结构?

(3) 在液固分离操作时需注意哪些问题?

4.3 高速离心喷雾干燥实验

4.3.1 实验目的

(1) 掌握高速离心喷雾干燥操作。

(2) 每组自购 1kg 盐、奶粉、麦乳精、蛋白胨、酵母膏等任一种,自行组织实验,测定产品的产量、含水量、灰分、粒径。

(3) 测定含水量、粒径随喷头转速的变化关系。

4.3.2 实验原理

离心喷雾干燥机是利用离心式雾化器将某些液体物料进行干燥,适用于溶液、乳液、悬浮液和可泵性糊状液体原料中生成粉状、颗粒状产品,是目前生物工程产品生产中使用最广泛的干燥机之一,是液体工艺成型和干燥工业中最广泛应用的工艺。

高速离心喷雾干燥机的干燥流程如图 4-4 所示。它的工作原理是空气通过空气过滤器和加热装置后,进入干燥室顶部的热风分配器,通过热风分配器的热空气均匀地进入干燥室内,并呈螺旋状转动,同时料液经过滤器由泵送至干燥器顶部的离心喷雾头,料液被喷成极小的雾状液滴,然后和热空气并流进入干燥器,雾化后的料液和热空气接触的表面积大大增加,使得水分迅速蒸发,在极短的时间内干燥成成品。成品由干燥塔底部和旋风分离器排出,废气由风机排出。

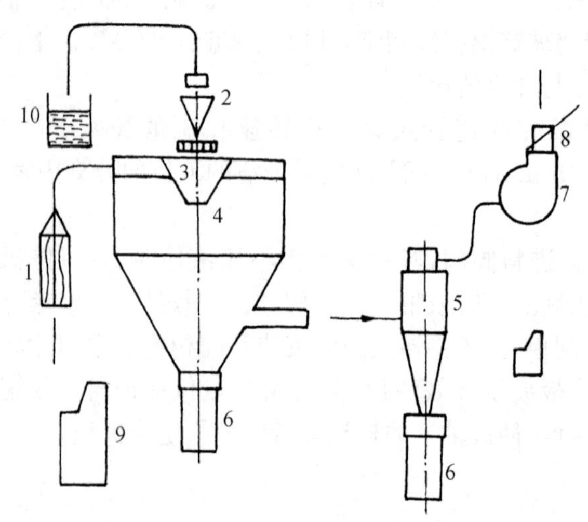

1—加热器和空气过滤器;2—离心喷头;3—热风分配器;4—干燥室;5—旋风分离器;6—受料桶;7—离心送风机;8—风机;9—电器控制柜;10—料液储槽。

图 4-4 喷雾干燥流程示意图

高速离心喷雾干燥机具有以下特点。

(1) 干燥速度快。料液经离心喷雾后，表面积大大增加，在高温气流中，瞬间就可蒸发95%～98%的水分，完成干燥时间仅需几秒钟。

(2) 采用并流的喷雾干燥形式能使液滴与热风同方向流动，虽然热风的温度较高，但由于热风进入干燥室内立即与喷雾液滴接触，室内温度急降，不致使干燥物料受热过度，因此也适宜于热敏性物料干燥。

(3) 使用范围广。根据物料的特性，可以用热风干燥，也可以用冷风造型。大批特性差异很大的产品都能用此机生产，常用的有下列种类：生物工程制品、聚合物和树脂类、染料、颜色色料类、陶瓷、玻璃类、除莠剂、杀虫药类、碳水化合物类、乳蛋制品类、鞣酸类、屠宰场的副产品、血和鱼制品类、洗涤剂和表面活性剂类、肥料类、有机化合物类，无机化合物类。

(4) 由于干燥过程是在瞬间完成的，产品的颗粒基本上能保持液滴近似的球状，产品具有良好的分散性、流动性和溶解性。

(5) 生产过程简化，操作控制方便。喷雾干燥通常用于湿含量为 40%～60%的溶液，特殊物料即使湿含量高达 90%，同样能一次干燥成粉状产品。大部分产品干燥后，不需要再进行粉碎和筛选，减少了生产工序，简化了生产工艺流程，提高了产品的纯度。对于产品的粒径、松密度、水分，在一定范围内可改变操作条件进行调整，控制、管理都很方便。

(6) 为使物料不受污染和延长设备寿命，凡与物料接触部分，均采用 1Cr18Ni9Ti 的不锈钢材料制作，为使操作方便，控制系统采用一体化操作，即在控制柜安装各部件的指示装置和启闭装置。

4.3.3　实验装置和操作流程

本实验所用的喷雾干燥装置如图 4-5 所示。其加热器功率为 20 kW，离心喷头转速为15 000～20 000 r/min。干燥室尺寸为 ϕ1 200 mm × 1 400 mm，锥角为 ϕ1 200 mm × 900 mm。旋风分离器尺寸为 ϕ150 mm × 200 mm，锥角为 ϕ150 mm × 400 mm。

图 4-5　本实验所用的喷雾干燥装置

1) 离心喷雾干燥机的检查

(1) 检查管道连接处是否装好密封材料，然后将其连接，以保证不让未经加热的空气进入干燥室。

(2) 检查门和观察窗孔是否关上，并检查是否漏气。

(3) 筒身底部和旋风分离器底部的受粉器在安装前应检查密封圈是否脱落，未脱落方可再旋紧受粉器。受粉器必须清洁和干燥。

(4) 检查离心风机的运行旋转方向是否正确。

(5) 检查离心风机出口处的调节蝶阀是否打开。不要把蝶阀关死，否则将损坏电加热器和进风管道，这一点必须引起充分注意。

(6) 检查进料泵的连接管道是否接好，电机与泵的旋转方向是否正确。

(7) 检查干燥室顶部安放喷雾头处是否盖好，以免漏气。

2）离心喷雾干燥机的操作

首先开启离心风机，然后开启电加热器，并检查有否漏电，如正常即可进行筒身预热，因热风预热决定着干燥设备的蒸发能力，在不影响被干燥物料质量的前提下，应尽可能提高进风温度。

预热时，干燥室顶部安放喷雾头处，干燥室底部和旋风分离器下料口处必须堵住，以便冷风进入干燥室，降低预热效率。预热电流为 10 A。

当干燥室进口温度达到 150～200℃时，放置离心喷雾头，开启空压机，使风压在 4 kgf (1 kgf=9.806 65 N)以上开启离心喷头，当喷雾头达到最高转速时，电流加至 15 A，开启进料泵，加入料液，下料量应由小到大，否则将产生粘壁现象，直至调节到适当的要求，一般流量为 2～10 L/h，料液的浓度应根据物料干燥的性质和温度来配制，以保证干燥后成品有良好的流动性。

干燥后的成品被收集在塔体下部和旋风分离器下部的受粉器内，在受粉器充满前就应调换，在调换受粉器时，必须先将上面的蝶阀关闭。

若干燥的成品具有吸湿性，旋风分离器及其管道受粉器的部位应用绝热材料包扎，这样可以避免干燥成品的回潮吸湿。

3）离心喷雾干燥机的清洗

当产品更换品种时，或是设备已经停产 24 h 以上而未清洗的，应做一次全面彻底的清洗。

(1) 干洗：用刷子、扫帚、吸尘器清洗。

(2) 湿洗：用 60～80℃的热水进行清洗。

(3) 化学洗：用碱液、酸液和各种洗涤剂清洗。

① 酸洗：将硝酸配成 1%～2%浓度的溶液，加热温度不超过 65℃进行洗涤，然后用清水清洗。

② 碱洗：氢氧化钠配成 0.5%～1%浓度的溶液，加热到 60～80℃进行洗涤，然后用清水清洗。

4）离心喷头的保养

(1) 喷头在使用过程中如有杂声和振动，应立即停车，取出喷头，检查喷雾盘内是否附有残留物质，如有的话应及时进行清洗。

(2) 检查轴承和衬套，以及轮齿轮等传动机件是否有异常，如发现异常，应及时更换损坏部件。

(3) 为增加喷头使用寿命，滚动轴承的润滑油在 150～200 h 应调换一次。

(4) 使用完毕后，应将喷雾盘拆下，浸入水中，把残留物质用水清洗干净。在用清水洗不掉时，应用刷子等工具清洗，因为喷雾盘上的残留物质会带来喷雾盘不平衡，严重影响喷头的使用寿命，以致损坏其他机件。

(5) 在拆装喷雾头时，应注意不能把主轴弄弯，装喷雾盘时要用塞片控制盘和壳体的间隙，固定喷雾盘的螺母一定要拧紧，防止松动脱落。

(6) 喷头工作完毕后和运输过程中切忌卧放。安放不正确，会使主轴弯曲，影响使用。所以，安放应有固定的喷头架。

4.3.4　实验步骤

(1) 开启进风机、引风机，调节加热电流至 10 A 以预热喷雾干燥器，三组加热电流应保持一致，预热时间需 1～2 h。

(2) 开启空压机，空试喷头，使离心喷头能运转自如，停转下通自来水，水能顺利流出喷头。

(3) 将离心喷头装入干燥室，调节进喷头前压缩空气压力为 0.5～0.6 MPa，测定喷头转速，建立空气压力与转速关系。

(4) 进料分液漏斗注水，控制进料转子流量计的流量为 2～4 L/h，观察水在干燥室中的雾化状况，确定最佳雾化状况下的进料流量，压缩空气压力，并保持。

(5) 自购的试料约 1 kg，精确测重，热水溶化至饱和状态，加入分液漏斗。

(6) 当干燥室进口温度达 180～220℃时，调节加热电流至 15 A，出口温度大于 105℃时，开始进料。

(7) 控制加热电流、进出口风的阀门及加料速度，以不使出口温度低于 100℃，记录有关数据。

(8) 全部料液喷完后，停转喷头及进出口风机，用压缩空气吹下干燥器壁的粉尘，收集收料桶中的粉尘，称重，求回收率。测定粉尘的平均粒径及含水量。

(9) 实验完毕后，用水清洗喷头，用压缩空气及水清洗干燥器及收料桶，关机。

4.3.5　实验数据处理

(1) 计算回收率、平均粒径及含水量。

(2) 讨论含水量、粒径与各工艺参数间的关系。

(3) 讨论含水量、粒径随喷头转速的变化关系。

(4) 评价你选定的物料用喷雾干燥的优劣。

4.3.6　思考题

(1) 转速越高，压缩空气压力越大，所进冷空气量亦大，对干燥温度有何影响？如何控制进风量与进气量间的关系？

(2) 如何判断试验过程中粉尘的干燥程度？

(3) 粉尘湿度大是什么方面发生了问题，如何调节？

(4) 对于水溶液的干燥出风温度是否一定要大于 100℃？

4.4　膨胀床膨胀特性和流体混合性能的测定

4.4.1　实验目的

(1) 熟悉膨胀床吸附技术的原理。

(2) 学会测定膨胀床膨胀特性和流体混合性能的方法。

(3) 了解膨胀床吸附技术的操作流程。

4.4.2 实验原理

膨胀床吸附(expanded bed adsorption)技术是20世纪90年代初出现的一项新型的生物分离技术,它综合了流化床和填充床吸附的优点。当料液从膨胀床底部泵入时,床内的吸附剂不同程度地向上膨胀。当吸附剂颗粒的沉降速度与流体向上的流速相等时,膨胀床达到平衡。此时由于吸附剂的膨胀,吸附剂之间空隙率增大,足以让料液中的细胞、细胞碎片等固体颗粒顺利通过床层,达到除去这些颗粒的目的。膨胀床的流速应选择在最低流化速度 U_{mf} 和终端沉降速度 U_t 之间。由于膨胀床吸附剂粒径有一定分布,在膨胀过程中会分层,粒径大的吸附剂在膨胀床的底部,而粒径小的则在床层的上部,由于膨胀床吸附剂结构的特殊性,吸附剂可以比较疏松、稳定地分布在床层内,从而减少了液体的返混程度。这样,与传统的流化床相比,膨胀床内的填料层处于相对稳定的状态,所以料液中的目标蛋白基本上按填充床的模式被吸附在吸附剂上。这样膨胀床可以直接处理含固体颗粒的发酵液或细胞匀浆液,从而可省去离心或过滤等预处理过程,把原料液的澄清、浓缩和目标产物的初步纯化等几个步骤集成于一个单元操作中,减少操作步骤,提高产品的回收率,降低产品的分离纯化费用和资本投入。

膨胀床的操作按顺序(见图4-6)可分为五个部分:平衡(equilibration)、吸附(adsorption)、冲洗(washing)、洗脱(elution)和在位清洗(clean in place,CIP)。膨胀床在每次吸附操作前须用平衡缓冲液膨胀,让膨胀床膨胀到一定程度,并使其达到平衡。在此阶段,除了使吸附剂的功能基团达到平衡外,同时考察膨胀床的流体力学性质。掌握膨胀床的流体力学性质对于膨胀床的应用至关重要,对于一定条件下操作稳定的膨胀床,其流体力学性质要有高度重现性。测定床层的膨胀率是衡量床层稳定性的快速有效方法,床层的膨胀率定义为膨胀床高度与沉降床高度之比,如果膨胀率未达到预定值表明膨胀床不稳定,但绝对的膨胀率只能在缓冲液系统(流体密度与黏度)和温度相同时才可比较。膨胀率与停留时间分布(residence time distribution,RTD)测试方法相比,它还不够精确。

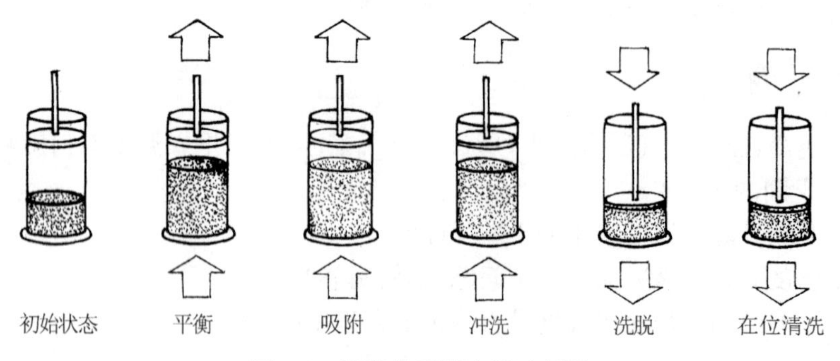

图4-6 膨胀床吸附流程示意图

1) 膨胀床的膨胀特性

膨胀床的床层膨胀率是一个非常重要的指标,与膨胀床的流体物性、流速、温度等因素有关,也关系到通过床层的固体颗粒大小。床层的膨胀率和流体流速之间的关系一般可用Richardson-Zaki方程来描述:

$$u = u_t \varepsilon^n \tag{4-4}$$

式中,u 为流体的表观速度(m/s);u_t 为吸附剂在床层中的自由沉降速度(m/s);ε 为床层的空隙率；n 为经验指数。其中床层的空隙率可由下式计算：

$$\varepsilon = 1-(1-\varepsilon_0)\frac{H_0}{H} \tag{4-5}$$

式中，ε_0 为未膨胀时的空隙率，根据文献，ε_0 的值可取为 0.4。

2）膨胀床的流体混合性能

惰性物质在膨胀床内的停留时间分布可以用来测定膨胀床的流体混合性能。由于物料在膨胀床内的停留时间分布完全是随机的，因此可以根据概率分布的概念来对物料在膨胀床内的停留时间分布作定量的描述。对停留时间分布函数作定量描述时常用到两个最重要的特征值——平均停留时间 $\bar{t}$ 和方差 σ_t^2。

$$\sigma_t^2 = \int_0^{\infty} t^2 E(t)\mathrm{d}t - \bar{t}^2$$

式中，$E(t)$为停留时间分布的密度函数，t 为停留时间。

将停留时间 t 用平均停留时间 $\bar{t}$ 进行量纲一化，即令 $\theta = t/\bar{t}$ 表示量纲一停留时间，则有：

$$E(\theta) = \bar{t}E(t)$$

$$\sigma_\theta^2 = \frac{\sigma_t^2}{\bar{t}^2}$$

有两个简单的流动模型，即轴向分散模型和多级全混釜串联模型可用来描述物料在膨胀床内的停留时间分布。

（1）轴向分散模型。在建立该模型时采用了如下的基本假设。

① 在床内径向截面上的流体具有均一的流速 u。

② 在流动方向（轴向）上的流体存在扩散过程，该过程类似于分子扩散，也服从菲克定律。

③ 轴向分散系数 D_{ax} 在整个床内是恒定的，不随在床内的轴向位置而改变。

④ 在床内径向不存在混合过程。

⑤ 床内不存在死区或短路流。

根据以上假设，可以得到以下方程：

$$\frac{\partial c}{\partial t} = D_{ax}\frac{\partial^2 c}{\partial z^2} - u\frac{\partial c}{\partial z} \tag{4-6}$$

式中，D_{ax} 为轴向分散系数；u 为流速；c 为示踪物浓度；z 为轴向长度。

当采用脉冲示踪法时，先对式(4-6)量纲一化，其在开-开边界条件下的解为

$$E(\theta) = \frac{Pe}{\sqrt{4\pi\theta}} - \exp\frac{Pe(1-\theta)^2}{4\theta} \tag{4-7}$$

式(4-7)中 Pe 定义如下：

$$Pe = \frac{uH}{D_{ax}} \tag{4-8}$$

式中，u 为表观流速；H 为膨胀后的床高；D_{ax} 为轴向分散系数。

相应的量纲一方差 σ_θ 表达式为

$$\sigma_\theta^2 = \frac{2}{Pe} + \frac{8}{Pe^2} \tag{4-9}$$

(2) 多级全混釜串联模型。该模型把实际的膨胀床模拟成由几个容积相等的串联的全混流区所组成，可用来等效地描述床内返混和停留时间分布的情况。

若对系统采用脉冲示踪法，膨胀床的量纲一停留时间分布的密度函数可由下式得到：

$$E(\theta) = \frac{N^N}{(N-1)!}\theta^{N-1}e^{-N\theta} \tag{4-10}$$

相应的量纲一标准方差 σ_θ 的表达式为

$$\sigma_\theta^2 = \frac{1}{N} \tag{4-11}$$

由式(4-8)、式(4-9)和式(4-11)就可以根据 RTD 数据计算出轴向分散系数 D_{ax}、Pe 和理论塔板数 N。

4.4.3　实验装置

本实验装置的流程如图 4-7 所示，所用的膨胀床吸附剂为 GE healthcare 公司生产的 Streamline DEAE，膨胀床装置可用一般的层析柱(ϕ 25 mm×1 000 mm)在柱底部加个液体分布器改装而成。选用的流体为水，以丙酮作为示踪剂。

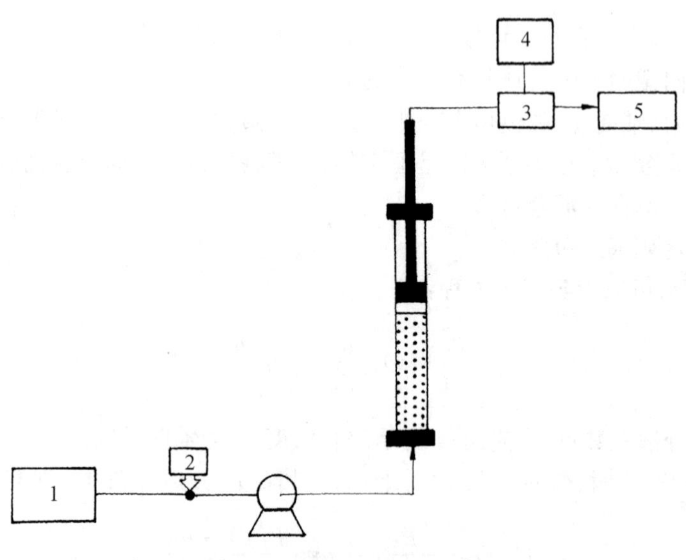

1—水；2—丙酮；3—紫外检测仪；4—记录仪；5—废液缸。

图 4-7　膨胀床流体力学性能测定实验装置示意图

4.4.4　实验步骤

(1) 测定不同流速、不同黏度条件下膨胀床的膨胀率。计算床层空隙率和流速之间的关系，在对数坐标纸上绘出空隙率和流速之间的关系。

(2) 测定不同流速、不同黏度条件下膨胀床内的停留时间分布。计算不同操作条件下膨胀床的轴向分散系数和理论塔板数。

(3) 针对一定OD值的发酵液,测定不同流速下的分离效果。

4.4.5　实验数据处理

根据实验数据计算 u 和 ε,并在对数坐标纸上作图,求出 u_t 和 R-K 方程的指数 n。

4.4.6　思考题

(1) 膨胀床吸附技术和一般的液固流化床相比有何优点?

(2) 流体的黏度和流速对膨胀床的分离效率有何影响?

(3) 吸附剂在床内的沉降高度对膨胀床的分离效率有何影响?

4.5　空气循环式干燥过程实验

4.5.1　实验目的

(1) 了解干燥流程、设备结构与测量仪表的作用。

(2) 在一定流速的空气流中测定块状试样的干燥速率曲线。

(3) 核对设计公式,了解干燥速度曲线的工程意义。

4.5.2　实验原理

干燥既是传质过程,又是传热过程。在干燥过程中物料表面的空气状况基本相同,随着干燥时间的延续,水分被不断汽化,湿物料的质量减少,因而可以通过记录物料的含水量与时间的关系,描绘出干燥曲线。

对于物料的干燥速率 N_A,有

$$N_A = -\frac{G_c \mathrm{d}X}{A \mathrm{d}\tau} \tag{4-12}$$

式中,G_c 为绝干物料的质量(kg);A 为干燥面积(m^2);X 为物料的自由含水量($kg_{水}/kg_{干料}$);τ 为干燥时间(s)。

整个干燥过程可以分为恒速干燥与降速干燥两个阶段。恒速干燥阶段物料表面覆盖着一层水分,干燥速率取决于水分表面汽化速度,将式(4-12)积分,可得:

$$\tau_1 = \frac{G_c}{A} \cdot \frac{(X_1 - X_c)}{N_A} \tag{4-13}$$

式中,X_c 为临界自由含水量($kg_{水}/kg_{干料}$);τ_1 为恒速干燥时间(s)。

当物料的含水量降到临界含水量以下,开始进入降速干燥阶段,降速干燥时间为

$$\tau_2 = \frac{G_c}{A}\int_{X_2}^{X_c} \frac{\mathrm{d}X}{f(X)} \tag{4-14}$$

如果将降速干燥曲线近似为一过原点的直线,则降速干燥速率为

$$N_A = K_X X \tag{4-15}$$

其中比例系数:

$$K_X = \frac{(N_A)_{恒}}{X_c} \tag{4-16}$$

那么降速干燥时间为

$$\tau_2 = \frac{G_c}{AK_X}\ln\frac{X_c}{X_2} \tag{4-17}$$

4.5.3 实验装置

本实验装置的流程如图 4-8 所示,空气由风机输送,经孔板流量计、电加热器流入干燥室,然后回流入风机循环使用。电加热器由晶体管继电器控制,使空气湿度恒定。干燥室前方装有干湿球温度计,干燥室后也装有温度计,用于测定干燥室内空气状况。风机出口端的温度计用于测量流经孔板时的空气温度,是计算流量的一个参数。空气流速由蝶形阀调节,任何时候该阀都不允许全关,否则电加热器就会因空气不流动导致过热而损坏。风机进口端的蝶阀用于控制系统所吸入的新鲜空气量,而出口端的蝶阀用于调节系统向外界排出的废气量。温度控制器由导电温度计和晶体管继电器组成。拧动导电温度计顶部永久磁铁即可控制系统不同的温度。一次试验始终应控制在同一气流温度,因此试验时应锁紧永久磁铁以免振动而变更系统温度,本装置温度控制精度为±0.03℃。

电加热器由三组电阻丝构成,其中一组直接与风机开关相连,另两组可手控。加热冷空气时可同时打开三组。当温度达到预定值后,夏天只需 1~2 组加热,冬天要 3 组加热,使晶体管继电器较频繁开关(红绿灯交替亮)。

湿物料架于盘架上,其干燥后的失重由天平测出,注意架上有湿物后仍应使天平盘摆动灵敏,若有卡滞则重新调整。

湿球温度计应始终保持纱布潮湿,实验过程中视蒸发情况,中途加水 1~2 次。

4.5.4 实验步骤

(1) 事先将试样放在电热烘箱中,用 90℃温度烘约 2 h,冷却后称重,得绝干质量 G_c。

(2) 将试样加水约 90 g 浸泡,让水分均匀扩散至整个试样,然后称取湿样质量。试样为甘蔗渣压的纸板,应量取尺寸(长×宽×高)。

(3) 检查天平是否灵敏,并配平衡。往湿球温度计加水,通电,让风机转动(注意转向)。调节阀门至预定风速,开加热器并调节至预定值,待温度稳定后再开干燥室门将湿样放入。

(4) 立即使天平接近平衡。待水分干燥至天平指针在平衡时开动第一个秒表。

(5) 待水分再干燥至天平指针在平衡时,停第一个秒表同时立即开动第二个秒表。如此往复进行,至试样接近绝干质量为止。

(6) 改变系统温度重复上述操作。

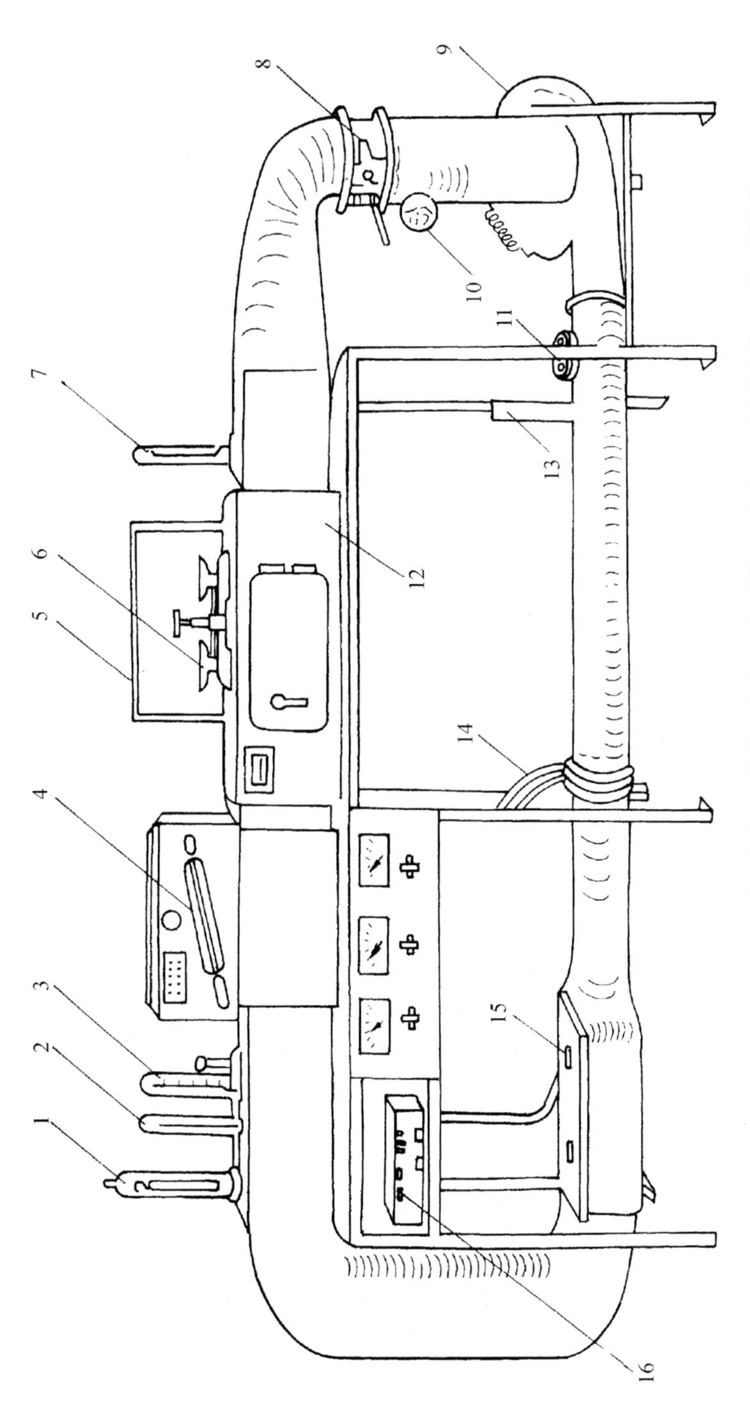

1—导电温度计;2—干球温度计;3—湿球温度计;4—斜管压力计;5—防风罩;6—天平;7—干球温度计;8—风速调节阀;
9—风机;10—蝶阀;11—蝶阀;12—干燥室;13—风机出口温度计;14—孔板流量计;15—电加热器;16—晶体管继电器。

图 4-8　空气循环式干燥过程实验装置

4.5.5 实验数据处理

室温________;气压________;试样尺寸________;试样湿重________;试样干重________;流量计示值R ________;干燥室通常截面积 $S_2=0.15\times0.2=0.03\ m^2$。

湿样质量/g	时间间隔/min	风机出口温度/℃	干燥室进口温度/℃	湿球温度/℃	干燥室出口温度/℃	干燥速度/[kg/(m²·min)]	湿料含水量/(kg/kg 干料)

4.5.6 思考题

(1) 画出试样的干燥速率曲线。

(2) 分析干燥速率曲线的影响因素。

(3) 讨论干燥速率曲线的实际用途。

(4) 恒速干燥阶段的干燥速率取决于哪些因素?

(5) 降速干燥阶段的干燥速率取决于哪些因素?

(6) 多糖物料能否用本设备进行干燥? 活性物料能否用本设备进行干燥?

4.6 结晶实验

4.6.1 实验目的

(1) 了解结晶原理、结晶生产过程及工艺过程。

(2) 了解和掌握结晶器及附属设备的结构和操作方法。

(3) 观测晶体的产生现象、晶体结构,了解提高结晶产品纯度和产率的方法。

4.6.2 实验原理

1) 晶体形成的条件

(1) 物质的特性:这是结晶的先决条件。能够形成晶体的有机小分子物质有各种有机酸、单糖、氨基酸、核苷酸、维生素、辅酶、双糖等。多糖、蛋白质、核酸和酶等生物大分子形成晶体就困难些,其中一些结构复杂、对称性不好的核酸、蛋白质和酶等,迄今仍未获得晶体。

(2) 溶质的纯度:溶质要形成晶体,必须要有一定的纯度。杂质含量越低则溶质的纯度就越高,这样就有利于结晶的形成和生长。杂质的存在有时会影响到结晶粒子在结晶面上的定向排列以致结晶进行得很慢甚至无法进行。至于溶质的纯度达到什么样的要求方能形成结晶,要依不同的溶质而定。多数蛋白质和酶的纯度必须达到50%及以上方能结晶,而胱氨酸的结晶对纯度的要求不是很严格,可以在毛发的水解液中单独结晶析出。为了便于结晶过程能顺利进行并获得质量较好的晶体，一般在结晶前都要经过除杂阶段。例如糖的澄清除杂、谷氨酸的脱色除铁处理等。

(3) 溶液的饱和度：能够形成晶体的物质，只有在一定的浓度时，才能形成晶体。这是因为，结晶形成的最主要条件是在一定的浓度下，结晶粒子有足够的碰撞机会并按一定的速率定向地排列聚集。溶液的浓度与结晶之间的关系是当溶液处于不饱和状态时，溶质可溶解至饱和；当溶液处于饱和状态时，溶质不再溶解，也不会有晶体析出；当溶液达到过饱和状态时，这时会有溶质析出，然后回到饱和状态。晶体的形成就是在溶质的析出过程中实现的。溶液处于过饱和状态时，如果溶质粒子聚集析出的速度过快，只能得到无定形的固体微粒。有时虽然也能得到一些结晶，但由于其共沉作用而使杂质含量过高。当溶液处于不饱和状态时，结晶形成的速率低于晶体溶解的速率，因而也不会有结晶形成。当溶液处于饱和状态时，结晶速率与晶体溶解的速率达到了平衡状态，没有结晶的成长。只有当溶液处于稍稍超过饱和状态(即低饱和状态)时，溶质的粒子有足够的碰撞机会并按一定的速率定向地排列聚集而形成晶体，形成晶体的速度又大于晶体溶解的速率，晶体便得以形成和成长。

结晶的大小及其均匀度与溶质的饱和度有密切的关系。要获得良好的结晶，一般应控制溶质浓度在不饱和区以上、过饱和区以下的某一个区域(介稳区)范围内。这时晶体附近的溶液浓度处于近饱和状态，而远离晶体的溶液浓度则处于过饱和状态。此种浓度差极有利于溶质向晶体周围扩散并定向地沉淀在晶体表面上，使晶体得以生长。这个区域是晶体生长的稳定区域，如图 4-9 所示。

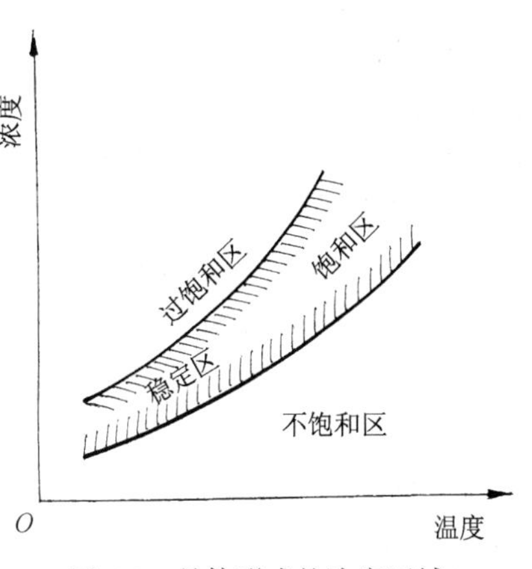

图 4-9　晶体形成的浓度区域

可以得出结晶过程的基本特征是，在饱和区内不会发生晶核析出，但如果有外加的晶体(即晶核)存在，晶体就会生长。而在过饱和区随时都可以析出较多的晶核。所以结晶过程一般都要求在过饱和区内形成晶核，然后在饱和区内生长。

(4) 结晶溶液中溶剂的选择：结晶过程主要是溶质在溶液内的溶解度平衡问题，因此要使溶质能够形成晶体，选择合适的溶剂相当重要，因为溶剂不仅影响到晶体能否形成，也影响到晶体的质量。

选择结晶溶剂的原则如下：

① 选用的结晶溶剂与结晶成分不能发生化学作用，并且要尽可能地不影响生物大分子的活性。

② 选用的结晶溶剂应有较高的温度系数，以便能利用温度的变化使溶质的溶解度有较大的变化，这样就较容易获得结晶。

③ 选用的溶剂应有利于利用溶解度的差异以及温度的影响把杂质除去。

④ 此外还应考虑溶剂的操作方便、安全、回收及成本问题。

常用的结晶溶剂有以下两类。

① 单一溶剂：水是最常用的结晶溶剂，广泛应用于各种无机盐、有机酸、氨基酸等物质的结晶。乙醇也很广泛，常应用于蛋白质、酶、核酸以及一些生物小分子的结晶。

用于生物小分子结晶的溶剂还有甲醇、丙酮、氯仿、乙酸乙酯、异丙醇、丁醇、乙醚等。

用于蛋白质、核酸等生化成分结晶的溶剂还有硫酸铵溶液、氯化钠溶液、磷酸缓冲液、丙酮等。

油脂和脂肪酸的结晶溶剂有乙烷、乙醇、丙酮、四氯化碳、正丁醇、异丙醇、无水乙醇等,苯也可以作为油脂和脂肪酸的结晶溶剂。

② 混合溶剂:当使用单一溶剂不易得到溶质的结晶时,可以考虑使用混合溶剂。常用的混合结晶溶剂有水-乙醇、醇-醚、水-丙酮、石油醚-丙酮等,通常多用于生物小分子的结晶过程。

2) 晶核的形成及影响结晶的因素

(1) 晶核的形成及其诱导方法。

晶核的形成方式一般可分为两种:一种是在过饱和溶液中自发形成的晶核,此种方式称为“一次成核”或“同相结晶化”;另一种方式是从外界加入晶种而诱发产生的晶核,此种方式称为“二次成核”,或“异相结晶化”。在“一次成核”方式中,当溶液进入过饱和线而处于过饱和状态时自发形成晶核的,称为“均相成核”。当溶液处于过饱和状态,再通过外界因素的诱导如电磁场、振动、机械作用等干扰影响而形成晶核的方式,称为“非均相成核”。

添加晶种诱导晶核形成的方法通常如下:如果有现成的晶体,可将其研碎,加入少量的溶剂,离心除去大颗粒,再稀释使之处于低饱和状态,这时悬浮液中具有许多小晶核,将其倒入待结晶的溶液中,经过轻轻搅拌后放置一段时间即有结晶析出。如果没有现成的晶体,可取少量的待结晶液体进行蒸发,等产生晶体后再加入待结晶的溶液中,亦可以产生相似的效果。

(2) 影响晶体生成的因素。

① 温度的影响。温度影响溶质的溶解度,物质的结晶温度都有一个不同的范围,有些物质要求结晶的温度高些,有些则要求低些。如触珠蛋白在高盐浓度下需要稍高于室温的条件才能结晶,而血清蛋白则要求在较低的温度下结晶。又如带结晶水的柠檬酸通常在10℃下进行结晶,而谷氨酸钠则在70℃结晶。在确定结晶温度时,还要考虑到其他与温度有关的因素,如生物活性、杂质的溶解度等。

为保证生物大分子的生物活性,生物大分子的结晶通常需在低温下进行。而为了便于杂质的溶解,以提高结晶的纯度,通常又需采用较高的温度。总的来说,温度是从溶质的溶解度和晶体的形态两方面影响结晶过程。大多数物质在温度升高时溶解度升高,温度降低时溶解度也降低,只有少数物质例外,如红霉素结晶。因此,通常采用较高温度使溶质溶解而后缓慢冷却获得结晶。但是应注意到,冷却太快时会使溶液突然处于过饱和状态,易产生大量结晶微粒,甚至是无定形沉淀。同时冷却温度过低会使溶液黏度增大,干扰成晶粒子的定向排列,以至于无法形成结晶。

另一方面,温度会影响到晶体的形状、大小以及结晶的质量。有些物质在不同的温度会形成不同的晶体。

② pH 值的影响。溶液中 pH 值的变化主要影响溶质的溶解度,因此也就影响溶质的结晶过程。对大多数物质来说,结晶时所选用的 pH 值与沉淀时的 pH 值大致相同。各种溶质结晶时都有一个相应的 pH 值范围。有的要求的 pH 值范围宽些,有的则窄些。对于两性电解质溶液,结晶的 pH 值常常是该种溶质的等电点。对酶等生物活性大分子进行结晶时,应注意选用的 pH 值不要影响其生物活性。此外,如果结晶时间较长,并且希望得到较大的结晶体时,则选用的 pH 值应离等电点稍远些。

③ 结晶时间的影响。简单的无机化合物分子和有机化合物分子所需要的结晶时间较长，有时需要几天、几星期乃至数月才能完成，如胃蛋白酶结晶时花费几个月时间才完成。这些大分子在晶核形成时所需要的时间较短(数小时)，但晶核的生长时间却较长，因而结晶所需的时间较长。

结晶速度过快时，通常得到的晶体的数量多而晶粒小，并且杂质多。缓慢地结晶，可以得到较纯净的大粒晶体。小的晶体由于总表面积比大晶体大得多，吸附杂质的机会也大得多，因此大的晶体总比小的晶体纯度高。

④ 搅拌速度的影响。结晶过程一般都在搅拌条件下进行。适当的搅拌可增加晶体与结晶母液的接触机会，使晶体均匀生长，从而避免晶体下沉造成晶粒不均匀的现象；但如果搅拌速度过快，则会增加溶质的溶解，并造成晶体的损坏而影响晶体的生长。

本实验以粗品氯化钾或谷氨酸钠为原料，对其溶解、冷却结晶、过滤、干燥后计算收率。氯化钾在水中溶解度较大，而且随着溶液饱和温度升高而增大。氯化钾结晶过程中可以采用冷却结晶方法，得到晶体产品。为了改善晶体的粒度分布与平均粒度，采用控制冷却曲线进行结晶。谷氨酸钠是由发酵分离后的谷氨酸溶液中和得到，一般溶液中含有铁、锌等杂质，通过结晶分离纯化。味精是带有 1 mol 结晶水谷氨酸钠，呈棱柱形八面晶体，一旦失去结晶水，味精就失去光泽。

味精的溶解度曲线和过饱和曲线如图 4-10 所示。味精结晶时采用去除一部分溶剂的方法，使溶液呈饱和状态或稍大于饱和状态以获得晶核形成和生长。味精结晶过程中采用加晶种结晶，进行溶液起晶。本实验采用晶种起晶法。晶种起晶法是先将溶液蒸发浓缩至介稳区的较低浓度，然后往浓缩液中投入一定量的晶种，使溶液中的溶质堆积在晶种上，晶种长大为晶体。因为投入的晶种量有一定限制，晶种的形状和大小也有一定的要求，所以由晶种起晶法长成的晶体，其大小和形状比较均匀整齐。其中对晶种质量有一定的要求。晶种质量好坏将直接影响味精晶体质量。作为晶种，必须颗粒整齐，大小均匀，不夹杂碎粒和粉末。味精的晶种一般为 20～30 目，或 30～40 目。晶种投入的数量与以后形成的晶体数量和大小有关，一般要求以后形成的晶体数量和投入的晶种量大致接近。

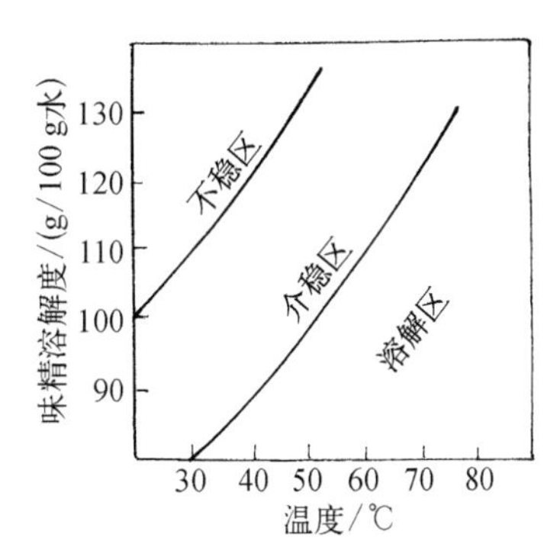

图 4-10 味精的溶解度曲线和过饱和曲线

4.6.3 实验装置

结晶实验装置如图 4-11 所示，主要有玻璃结晶器；400 mm×350 mm×340 mm 的不锈钢恒温槽；XZ-1 型真空泵；ZYT70-59/H2 型电动搅拌器；直径为 160 mm 的缓冲罐；MD-3S 型转速调速器等。

4.6.4 实验步骤

1) 氯化钾结晶

(1) 用蒸馏水清洗结晶器。

(2) 向结晶器内加入 1 L 蒸馏水，打开针型阀门 VA2、VA3，关闭 VA1、VA4 后，启动恒温

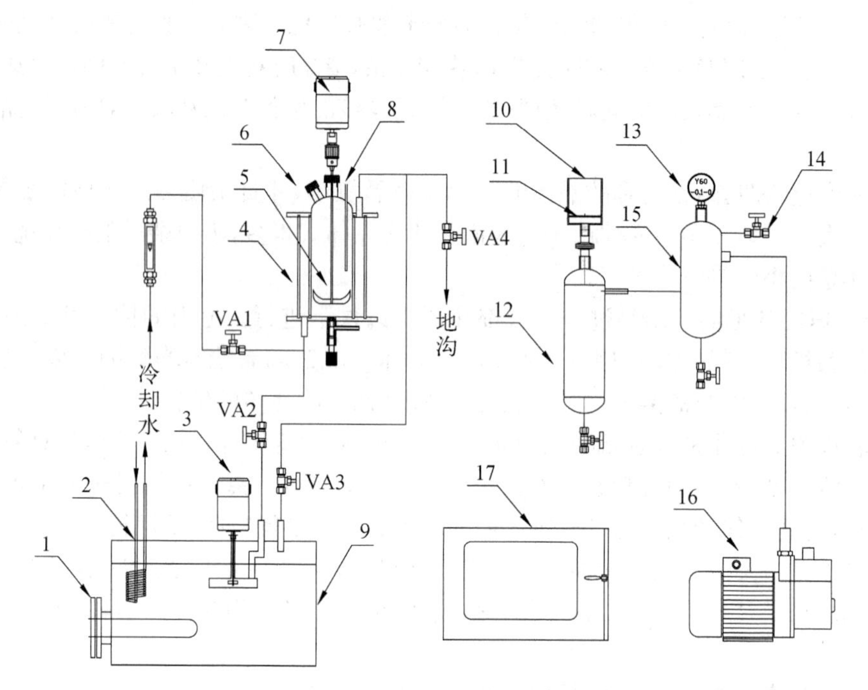

1—加热器；2—冷凝管；3—热水泵；4—玻璃结晶器；5—搅拌桨；6—加料口；7—搅拌电机；8—温度计；9—恒温槽；10—玻璃储槽；11—过滤介质；12—收集瓶；13—真空表；14—调节阀；15—缓冲罐；16—真空泵；17—干燥箱。

图 4-11 结晶实验装置示意图

水浴开关控制结晶器内温度为 70℃。

(3) 将 500 g 固体氯化钾缓慢倒入结晶器中，搅拌均匀后观察氯化钾是否全部溶掉。若全部溶化再加入少量的氯化钾，直至晶体全部溶解，制成饱和溶液。

(4) 氯化钾在结晶器中全部溶解后，稳定几分钟。关闭恒温槽加热，关闭阀门 VA2、VA3，打开 VA1、VA4 向结晶器通入冷却水，记录结晶时间和温度，控制结晶器的温度每分钟降低 0.5℃左右。

(5) 当结晶器内温度接近室温时将晶浆从结晶器内放出，然后经过滤、洗涤晶体产品，在干燥箱将晶体干燥称重后计算收率。

(6) 过滤后的母液和结晶的晶体可以重复使用。

(7) 由于氯化钾结晶过程中溶液存在剩余过饱和度，到达结晶终点温度时，产品收率将低于理论值。另外，冷却速率是影响晶体粒度的主要因素，在实际生产中应设法控制冷却速率。在搅拌器的选择上，应在满足溶液均匀、晶体悬浮的前提下，尽量选择转速低的搅拌器。

2) 谷氨酸钠结晶

(1) 整个结晶操作过程中，保持结晶温度为 65～70℃、真空度为 80×10^3 Pa 以上。料液的装料体积基本为 60%。晶种的投入量为底料的 6%～16%(W/V)。投种时料液浓度为 30～32°Be。搅拌转速为 15 r/min。

(2) 结晶操作的过程：浓缩—投入晶种—整晶—育晶—养晶—放罐。在浓缩结晶锅中，先加入 60%的料液。启动传热装置和搅拌系统，打开真空泵。边浓缩边补料，始终保持一定体积。当料液浓度达到 30～32°Be(65℃)时，开始搅拌，并投入晶种。经过一段时间后，晶种长大，但同时有小晶核出现，此时需将罐温提高到 75℃，并加入 45℃热水进行整晶，将小晶核溶解掉。之后，再将罐温调回到 65℃，继续边补料边浓缩，其间晶体不断长大。对浓缩结晶过程中出现的小晶核，可再次采取整晶的方法，将小晶核溶解掉，在整个浓缩结晶过程中，需不断补料，并整晶 2～3 次。待晶体大小符合要求而准备放罐时，需加入适量蒸馏水，一方面是为了溶解掉小晶核，另一方面是调节罐液浓度到 29.5°Be(65℃)。最后，将晶液放入助晶槽内，进一步将晶液浓度调整至 29.5°Be。然后在 70℃、搅拌转速为 8～10 r/min 下养晶 4 h。

谷氨酸钠结晶的操作要点主要如下：

(1) 投入晶种时料液浓度的高低和晶形也有很大关系。一般料液浓度控制在 30～32°Be，此时溶液处在介稳区，当投入晶种时，就能迅速形成晶体。

(2) 结晶操作时，要随时检查晶体成长情况，并注意罐内温度、真空度、料液浓度、蒸汽压力等的变化，要做到适时适量投种、加水和加料。

(3) 整晶时，温水用量不宜过多，以溶掉小晶核为度。

(4) 注意结晶温度不能太高，否则谷氨酸钠易失水变成焦谷氨酸钠，从而影响味精质量。实验时，采取边浓缩边结晶的方法。为了加快生产周期，尽可能缩短浓缩结晶时间，又要防止谷氨酸钠发生脱水反应，通常都采取在 65℃左右进行减压浓缩结晶的方法。

4.6.5　实验数据处理

(1) 记录不同结晶温度下溶剂数量的变化、溶液浓度的变化，得出结晶的浓度变化曲线。

(2) 记录结晶时间、搅拌速度对结晶过程的影响。

(3) 记录晶体的质量和结晶收率。

4.6.6　思考题

(1) 如何处理结晶后的母液(上层液体)?

(2) 晶种的加入时间控制不好会出现什么结果?

(3) 影响结晶的主要因素有哪些?

(4) 如何选择结晶温度?

4.7　离子交换层析分离氨基酸

4.7.1　实验目的

(1) 初步掌握离子交换层析法分离纯化的原理。

(2) 初步掌握离子交换层析法分离纯化的操作流程和方法。

(3) 初步掌握不同的氨基酸在离子交换层析柱上的结合性能。

4.7.2　实验基本原理

离子交换层析是利用不同物质和离子交换剂之间的静电结合力的差异来分离纯化混合物的层析方法。此法具有收率好、质量高、周期短、成本低、设备简单、适宜工业化生产等一系列优点。目前已在工业、制药、生物化学和分子生物学等研究领域中广泛应用。

离子交换树脂是一类带有功能性基团的网状结构的高分子化合物,其结构由三部分组成:不溶性的三维空间网状骨架,连接在骨架上的功能基团和功能基团所带的相反电荷的可交换离子。在离子交换过程中,溶液中的离子自溶液扩散到交换树脂表面,然后穿过表面,扩散到交换树脂颗粒内,这些离子和交换树脂功能基团所带的可交换离子相互交换,交换出来的离子扩散到交换树脂表面外,最后再扩散到溶液中。这样,当溶液和树脂分离后,其组成都发生了变化,从而达到分离纯化的目的。根据树脂所带的可交换的离子性质,离子交换树脂可大体分为阳离子交换树脂和阴离子交换树脂,酸性电离基团可交换阳离子,称阳离子交换树脂;碱性电离基团可交换阴离子,称阴离子交换树脂。根据功能基团电离度的大小,又可分为强、弱两种。强酸性阳离子交换树脂的功能基团为磺酸基(见表 4-1)。它在所有的 pH 值范围内都能解离,进行下列反应时类似于硫酸。

$$R-SO_3H+NaOH \leftrightarrow R-SO_3Na+H_2O$$
$$R-SO_3H+NaCl \leftrightarrow R-SO_3Na+HCl$$

弱酸性阳离子交换树脂的功能基团一般为羧酸,通常其有效 pH 值应用范围为 5~14。溶液碱性越强越有利于交换。进行下列反应时类似于醋酸。

$$R-COOH+NaOH \leftrightarrow R-COONa+H_2O$$
$$R-COOH+NaCl \leftrightarrow R-COONa+HCl$$

强碱性阴离子交换树脂的功能基团为季胺基。它在所有的 pH 值范围内都能解离,进行下列反应时类似于氢氧化钠。

$$R-CH_2N(CH_3)_3OH+HCl \leftrightarrow R-CH_2N(CH_3)_3Cl+H_2O$$
$$R-CH_2N(CH_3)_3OH+NaCl \leftrightarrow R-CH_2N(CH_3)_3Cl+NaOH$$

弱碱性阴离子交换树脂的功能基团一般为伯胺基、仲胺基和叔胺基三种类型。其碱性依次增强,进行下列反应时类似于氢氧化铵。

$$R-CH_2NH_3OH+HCl \leftrightarrow R-CH_2NH_3Cl+H_2O$$

按照化工部的规定,树脂编号有以下的规则:强酸类树脂为 1~100 号,弱酸类树脂为 101~200 号,强碱类树脂为 201~300 号,弱碱类树脂为 301~400 号,中强酸类树脂为 401~500 号。在表示某一树脂编号时用其编号与其交联度(去掉百分号)的乘式表示,如 207×10 号树脂表示交联度为 10%的强碱性树脂。离子交换剂常用的单体为苯乙烯,交联剂为二乙烯苯,但离子交换柱层析有几个重要的指标,如交换容量是指一定量离子交换树脂内可交换离子。使用离子交换层析时应考虑以下几个方面。

(1) 树脂的酸碱性:如果树脂与待分离物质分别为弱酸性和弱碱性,则吸附效果不好,物质的回收率较低;如树脂与待分离物质分别为强酸性和强碱性,则会由于结合过于牢固而在洗脱时遇到困难,如果洗脱的条件过于剧烈又会对物质的活性产生破坏;因此在实际应用中一般遵循强酸配弱碱、弱酸配强碱的原则,而对于活性蛋白则尽可能不使用强酸或强碱性树脂。

(2) 树脂的交联度:树脂的交联度大则其机械强度大,稳定性能好,并且分离过程中的选择性好,但是由于网架的孔径缩小,大分子物质不易进入空隙内与功能基团发生结合。

(3) 溶液 pH 值:溶液的 pH 值不仅影响功能基团与平衡离子之间的结合作用,而且还影响待纯化产物的带电情况。

(4) 离子强度:溶液中过多的离子往往会与待分离产物竞争结合功能基团,因此在进行离子交换柱层析时最好保持低离子强度。

表 4-1　常用的离子交换剂活性基团

类　型	交换基团名称	英文缩写	分子式
阳离子交换剂	羧甲基	CM	$—CH_2—COO^-$
	丙磺酸基	SP	$—(CH_2)_3—SO_3^-$
	磷酸基	P	$—PO_3^-$
阴离子交换剂	二乙基氨基乙基	DEAE	$—(CH_2)_2—(C_2H_5)_2NH^+$
	三乙基氨基乙基	TEAE	$—(CH_2)_2—(C_2H_5)_3N^+$
	氨基乙基	AE	$—(CH_2)_2—NH_3^+$

新购的离子交换树脂常残存有机溶剂、低分子聚合物及有机杂质,使用前必须通过漂洗、酸碱处理除去。一般步骤如下:

(1) 将树脂先用清水浸泡,并用浮选法除去细小颗粒,漂洗干净,滤干。

(2) 用 80%～90%乙醇浸泡 24 h,洗去树脂内的醇溶性有机物,然后抽干。

(3) 用 40～50℃的热水浸泡 2 h,洗涤数次,洗去树脂内的水溶性杂质和乙醇,然后抽干。

(4) 用 4 倍树脂量的 2 mol/L HCl 溶液搅拌 2 h,洗去酸溶性杂质,水洗至中性,抽干。

(5) 用 4 倍树脂量的 2 mol/L NaOH 溶液搅拌 2 h,洗去碱溶性杂质,水洗至中性,抽干。

(6) 根据需要用适当的试剂使树脂成为所需要的形式。如阳离子树脂用 HCl 处理则转化为 H^+ 型,用 NaOH 处理则为 Na^+ 型。如果是阴离子交换树脂用 HCl 处理则转化为 Cl^- 型,用 NaOH 或 NH_4OH 处理则为 OH^- 型。

离子交换层析的操作可分为平衡、上样、冲洗、洗脱和再生五个步骤。平衡阶段用初始缓冲液平衡,用量一般为 2 个柱床体积。上样时上样速度不要太快。离子交换层析一般不受上样体积的限制,但上样最多吸附达到饱和为止。为了提高分辨力,上样量一般控制在交换剂对该蛋白吸附容量的 20%左右。上样结束后,用平衡缓冲液冲洗去滞留在床层中未结合和弱结合的杂质。冲洗结束后开始洗脱。若不清楚被分离物质和离子交换剂的结合性能,一般采用梯度洗脱的方式来摸索洗脱条件,洗脱体积一般为 10～20 柱床体积。对阳离子交换树脂,洗脱结束后用 1～4 柱床体积的含 1 mol/L 盐酸或 NaOH 溶液进行再生,然后再用 2 个柱床体积的初始缓冲液平衡。

4.7.3　实验试剂及装置

1) 实验试剂

盐酸、氨水、乙醇、溴液、对氨基苯磺酸、亚硝酸钠、硝酸钠、茚三酮、丙酮、组氨酸、赖氨酸、精氨酸、732 强酸性离子交换树脂(上海树脂厂生产)。

2) 氨基酸检测方法

茚三酮反应。取少量检测液滴于滤纸上吹干,用 0.1%茚三酮无水丙酮溶液喷雾,一般氨基酸显紫色。

Pauly 试剂反应(用于检测组氨酸)。甲液:准确称取 0.09 g 对氨基苯磺酸,加 12 mol/L 盐酸 0.9 mL,加热溶解后,加水至 10 mL,冷却至 30℃,再与等量的 5%亚硝酸钠水溶液混合,置棕色瓶中,在冰箱中保存。乙液:10%硝酸钠溶液。于凹形白瓷盘中,加入待检样品 1 滴,加甲液 1 滴混匀,再加乙液 1 滴,组氨酸显橘红色。

板口试剂反应(用于检测精氨酸)。甲液:0.1%8-羟基喹啉丙酮液。乙液:1 mL 溴溶于 500 mL 0.5 mol/L NaOH 溶液中。于凹形白瓷盘中,加入待检样品 1 滴,加 5% NaOH 溶液 1 滴,加甲液和乙液各 1 滴,显红色即证明有组氨酸存在。

3) 实验器材

层析柱是由底部装有烧结玻璃过滤板的玻璃管(3 cm×100 cm)制成,其基本结构如图 4-12 所示。

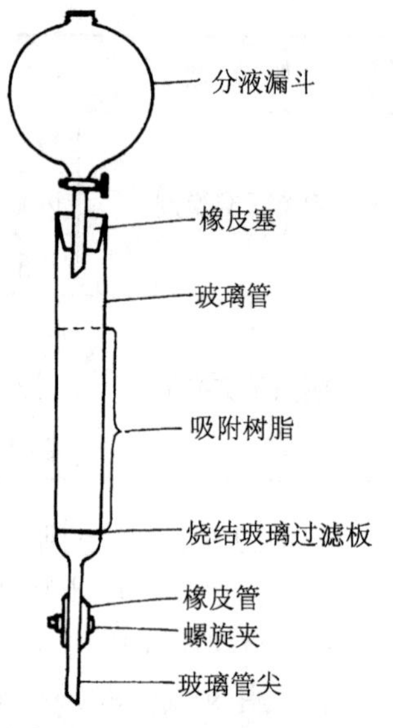

图 4-12 层析柱结构示意图

4.7.4 实验步骤

1) 树脂装柱

在装柱前先在柱中加入一定量的水,然后将带水的 732 树脂浆液倒入柱中。将过量的水通过柱底部放出,保持水面高于树脂层面 3 cm 以上直到所有树脂全部转移到柱中。树脂一般只填充柱空间的 1/2~1/3,以便进行反洗。装柱时应使树脂层粗细分布均匀、没有气泡、无断层现象。装好柱后应用水缓慢冲洗,冲洗时不要带入气泡。

2) 吸附

将 0.5 mol/L 的组氨酸、赖氨酸、精氨酸溶液等体积混合,用 1∶10 的盐酸溶液调 pH 值为 2.5。然后在 732 树脂上进行吸附。用 Pauly 试剂检查流出液,直到组氨酸出现(这时树脂已被氨基酸饱和),停止上柱。

3) 冲洗

用蒸馏水冲洗层析柱,待流出液 pH 值达到 5~6 时停止洗涤。

4) 洗脱

用 0.1 mol/L 氨水洗脱,用 Pauly 试剂检查流出液呈橘红色时,收集组氨酸洗脱液。当洗脱液中组氨酸明显减少,而茚三酮反应呈阳性时,收集赖氨酸洗脱液,直至洗脱液无茚三酮反应为止。

换用 2 mol/L 氨水洗脱,用板口试剂检查洗脱液,待有精氨酸出现时开始收集,至无茚三酮和板口反应时,停止收集。

5) 再生

用 1~2 mol/L 的 NaOH 洗涤层析柱,用量为 4~5 个柱体积,然后用水洗至中性备用。

4.7.5 实验数据处理

收集的洗脱液用茚三酮显色法测定含量,计算各种氨基酸的回收率,并计算各步骤的氨基酸回收率。

4.7.6　思考题

(1) 离子交换树脂的选择原则是什么?
(2) 本实验为何选用阳离子交换树脂来分离上述三种氨基酸?
(3) 为什么最先被洗脱的是组氨酸,而最后被洗脱的是精氨酸?
(4) 如何来确定装柱过程中树脂装得比较均匀?

4.8　牛血清白蛋白在双水相系统中的分配

4.8.1　实验目的

(1) 了解双水相系统成相的原理。
(2) 掌握双水相系统分离蛋白质的操作流程。
(3) 了解双水相系统分离蛋白质的影响因素。

4.8.2　实验原理

双水相现象最早是在 1896 年由荷兰微生物学家 Berjerinck 将琼脂水溶液与可溶性淀粉或明胶水溶液混合时发现的。直到 20 世纪 60 年代,瑞典 Lund 大学的 Albertsson 教授及其同事才开始对双水相进行比较系统的研究。70 年代中期西德的 Kula 教授等首先将双水相系统用于细胞匀浆中提取蛋白质。目前双水相系统已经应用于酶、核酸、病毒、生长素、干扰素和细胞组织等组分的分离,是一种很具有发展潜力的新型生物分离技术。

目前应用的双水相系统主要可分为聚合物/聚合物/水系统和聚合物/小分子/水系统两类(见表 4-2)。在研究中用的最多的是聚乙二醇(PEG)/葡聚糖(DEX)系统和聚乙二醇(PEG)/混合磷酸钾(KHP)系统。

表 4-2　常见的几种双水相系统

类　型	子类型	举　例
聚合物/聚合物/水	非离子聚合物/非离子聚合物/水	聚乙二醇/葡聚糖
	聚电解质/非离子聚合物/水	DEAE-葡聚糖·HCl/聚乙烯醇
	聚电解质/聚电解质/水	葡聚糖硫酸钠/羧甲基纤维素钠
聚合物/小分子/水	聚合物/有机小分子/水	葡聚糖/丙醇
	聚合物/无机盐/水	聚乙二醇/硫酸铵

对于聚合物/聚合物系统成相机理,早期学者认为聚合物与聚合物之间的不相容性是促使双聚合物系统发生分相行为的主要因素。有两个因素决定两种物质的混合结果:其一是分子混合时的熵增;其二是分子间的相互作用。两种物质混合时的熵增与分子数目有关,作为一级近似,可认为以物质的量为基准来定义混合熵与分子大小无关,也就是说大分子和小分子的混合熵相等,但是分子之间的相互作用能是分子的链节间相互作用能的总和,因此,该作用能随分子尺寸的增大而增加,所以对尺寸很大的分子(如聚合物),以物质的量计的相互作用能超过

混合熵增效应而占主导地位。若两种聚合物分子间的相互作用是相互排斥的,即一种聚合物更容易被其同种分子所包围,故当两种混合物处于分离时,系统的能量达到更稳定的状态。另外一种观点认为聚合物引起的水分子结构的变化是促使相分离的主要因素。在水溶液中,聚合物长链分子可通过氢键作用在分子周围形成一个水分子层,这一水分子层有特殊的定向分布。两种聚合物混合时产生的相分离正是由这两种聚合物周围不同的、互不相容的水分子结构引起的。

图 4-13(a)和(b)分别为聚乙二醇/葡聚糖和聚乙二醇/混合磷酸钾系统的典型相图。图中的曲线称为双结点曲线。在该曲线的上方,任一组成的混合物都要分相,在该线下方,则不分相。

为更详细地描述两相系统,则必须考虑处于平衡的两相组成。若图 4-13(b)中的 M 点代表整个系统的组成,则该系统中的上相和下相组成分别为 T 和 B。两相的体积近似服从杠杆规则,即

$$\frac{V_T}{V_B}=\frac{\overline{BM}}{\overline{MT}}$$

式中,V_T 和 V_B 分别代表上相和下相的体积,$\overline{BM}$ 和$\overline{MT}$ 分别为 B 点与 M 点以及 M 点与 T 点之间的距离[见图 4-13(b)]。

生物质在双水相系统的分配取决于许多因素,待分配物质与各组分之间的相互作用十分复杂,涉及氢键、静电、范德瓦尔斯力、疏水作用以及空间效应等,既与相系统本身的性质有关,又同待分离的分子或颗粒的特性相关。如何选择合适的相系统和环境条件,使目标产物和主要杂质能分别位于不同的相中而达到分离的目的,目前尚无固定的规律可循。不同双水相分配类型及相应的影响因素列于表 4-3 中。

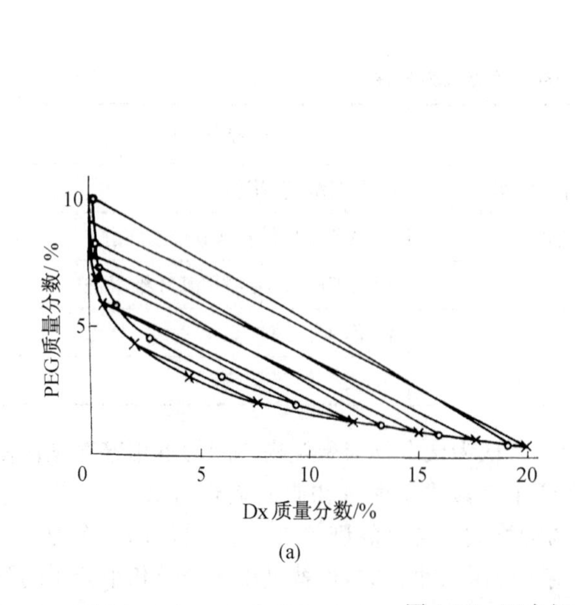

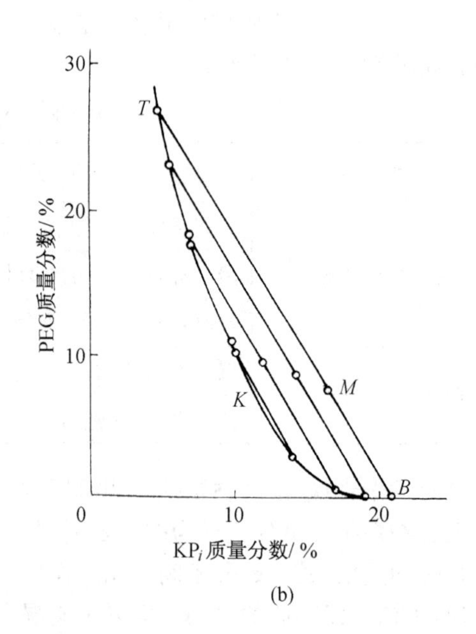

图 4-13 双水相系统相图

(a) PEG6000/Dx 48,20℃;(b) PEG6000/KP$_i$,0℃

表 4-3　不同双水相分配类型及相应的影响因素

分配类型	影响因素		主要可调因子
	相系统因素	颗粒或大分子因素	
空间排斥分配	聚合物分子尺寸	表面积	聚合物相对分子质量、浓度
疏水性分配	相间疏水性差异	表面疏水性	聚合物相对分子质量、浓度
电化学分配	相间界面静电势	表面电荷	pH 值、添加的无机盐种类
亲和分配	配基的趋向性分配	特殊结合位点	配基的种类和浓度、pH 值
构型相关性分配	聚合物分子空间构型	空间构型	聚合物相对分子质量、浓度等

4.8.3　实验试剂和器材

PEG6000、硫酸铵、氯化钠、考马斯亮蓝 G-250、95%乙醇、85%磷酸、牛血清白蛋白、带刻度的离心管、LD4-2A 型离心机、721 分光光度计。

4.8.4　实验步骤

实验在室温下进行，所用物质的质量均以 g 为单位，系统总质量为 10 g。实验步骤如下：

(1) 配置高浓度的聚合物和盐的母液，PEG6000：400 g/L；硫酸铵：500 g/L；牛血清白蛋白：1 g/L。然后按预先设计好的总组成，由母液配置相应的双水相系统。

(2) 加入一定量的牛血清白蛋白，去离子水补足至 10 g。

(3) 封口并充分混合(反复倒置 5～10 min，每次 6～10 次；或用涡旋混合器处理 20～60 s)。

(4) 在 1 800～2 000 g 离心力下离心 3～5 min，使两相完全分离。

(5) 根据离心管刻度，读出上、下相体积。

(6) 小心地用移液管分别取出一定量的上、下相溶液，测定上、下两相中目标产物的浓度。

(7) 保持硫酸铵浓度为 140 g/L 不变，改变 PEG6000 的浓度，从 60 g/L 增至 160 g/L，进行上述操作流程。

(8) 保持 PEG6000 浓度 100 g/L 不变，改变硫酸铵的浓度，从 120 g/L 增至 180 g/L，进行上述操作流程。

(9) 蛋白质浓度的测定采用考马斯亮蓝显色法。考马斯亮蓝 G-250 100 mg 溶于 50 mL 95%乙醇中，加入 100 mL 85%磷酸，用蒸馏水稀释至 1 000 mL，滤纸过滤。先用标准蛋白作标准曲线，浓度范围分别为 0～0.1 mg/mL 和 0～1 mg/mL。蛋白质浓度在 0～0.1 mg/mL 范围内时，5 mL 考马斯亮蓝溶液加 0.5 mL 测试样品；蛋白质浓度在 0～1 mg/mL 范围内时，5 mL 考马斯亮蓝溶液加 0.1 mL 测试样品。

4.8.5　实验数据处理

计算不同操作条件下以下这些分配特性参数，计算公式如下。

分配系数：$K = C_T / C_B$

相比：$R = V_T / V_B$

上相含量：$Y_T = m_T / m_{ad} = V_T C_T / m_{ad}$

下相含量：$Y_B = m_B/m_{ad} = V_B C_B/m_{ad}$

式中，C_T、C_B 为目标产物在上、下相的浓度；V_T、V_B 为上、下相的体积；m_T、m_B 为目标产物在上下相的质量；m_{ad} 为系统中加入目标产物的总质量。

4.8.6 思考题

(1) 双水相系统分离生物活性物质有哪些优点？
(2) 如何从双水相系统中回收分离产物？
(3) 对于聚合物/盐系统，一般希望蛋白质富集在哪个相？为什么？

4.9 蛋白质的超滤分离实验

4.9.1 实验目的

(1) 了解超滤分离的基本原理和分离操作方法。
(2) 了解超滤膜的特点。
(3) 测定超滤的压力、滤液的浓度和滤速的关系。

4.9.2 实验原理

超滤技术是膜分离技术中的一种，广泛应用于生物制备中的透析、分离、纯化与浓缩等，具有工作效率高、对被处理物的影响小、速度快、回收率高等优点，可一次操作同时达到几个目的，尤其是分离一些相对分子质量差别较大的溶液。

20 世纪初，超滤技术开始得到应用，但发展缓慢，直到 1960 年洛布和索里拉金(Loeb-Sourirajan)研制出非对称醋酸纤维素反渗透膜，才促进了超滤技术的发展。1963 年迈克尔斯(Michaels)制备了截留各种相对分子质量的膜，从此超滤膜开始进入商品化生产。接着生产出板式、管式、卷式和中空纤维式超滤装置。1965 年出现多种聚合物超滤膜。1980 年代超滤技术高速发展，目前已成为生物工程、化工、医药、环境保护等领域的一项重要的分离技术。

超滤的离心机理一般是筛分作用，多采用错流式操作。超滤的分离原理是在一定压力(0.1～0.8 MPa)下，流体经过装置内部膜表面时，依据超滤膜的物理化学性能，只允许溶剂、无机盐和小分子物质透过，而截留溶液中的悬浮物、胶体、微粒、有机物、细菌和其他微生物等大分子物质，这样便达到流体的净化、分离与浓缩的目的(见图 4-14)。

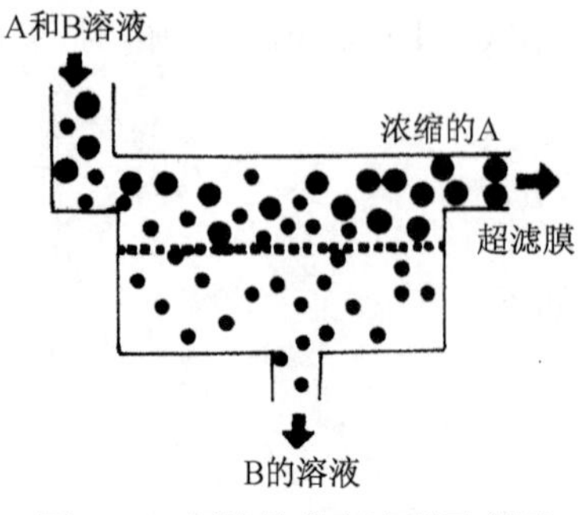

图 4-14 超滤的分离流程示意图

超滤膜在小孔径范围内与反渗透膜相重叠，在大孔径范围内与微孔滤膜相重叠。超滤膜的孔径范围为 5～1 000 nm。正常超滤时，溶液中的相对浓度越小，总过滤量越大；异常超滤时，总过滤量是没有规律的，主要是有一次吸附或阻塞现象出现。一次吸附或阻塞的程度取决于溶质的浓度、过滤量、膜与溶质间相互作用的程度等因素。当初始浓度高、过滤压力大、膜薄又有表面活性剂存在时，一次吸附量剧增，常出现异常超滤。正常和异常超滤的概念如图 4-15 所示。

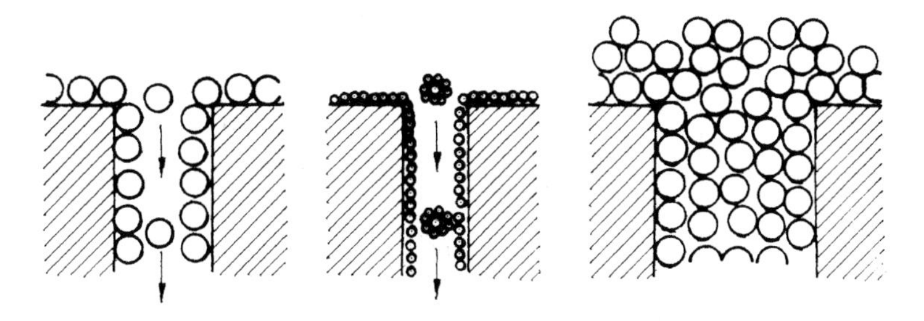

图 4-15　正常和异常超滤的概念图

(a) 没有表面活性剂的正常超滤；(b) 有表面活性剂的正常超滤；(c) 异常超滤

若添加表面活性剂，则在膜面出现选择吸附[见图 4-15(b)]，也减少了溶质的一次吸附。图 4-15(c)表明，阻塞现象在高浓度和高过滤压力情况下容易发生。增加膜厚度，或添加其他粒子能促使此种现象发生。添加表面活性剂可减少阻塞，使透过速度增加。这是由于超滤膜的细孔壁被覆盖，因此相对增大了流动性。

超滤既有筛分过滤的作用，又有选择性渗透的作用。超滤过程与反渗透过程是非常接近的，只不过超滤膜孔径稍大，而反渗透操作压力较高。从半透膜的角度来看，对某一种膜，在某一条件下具有筛分过滤作用，而在另一条件下又有反渗透的性能，所以超滤膜实际上可以看作有较大孔径的反渗透膜。几种膜分离过程的比较如图 4-16 所示。

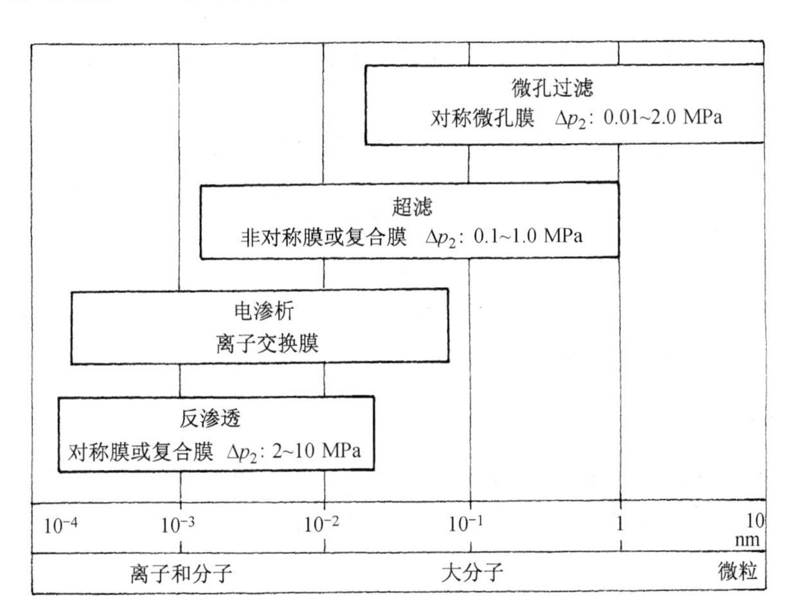

图 4-16　不同膜分离过程的比较

制备超滤膜的材料多是高分子聚合物，如聚砜类、聚四氟乙烯、混合纤维素等，还有中空纤维滤膜。可以根据不同滤液的性质和分离要求选择不同规格的超滤膜。

4.9.3　实验装置

本超滤装置由板式超滤器、超滤膜、输液泵、容器、筛网预滤器、计量器、压力表等组成，如图 4-17 所示。

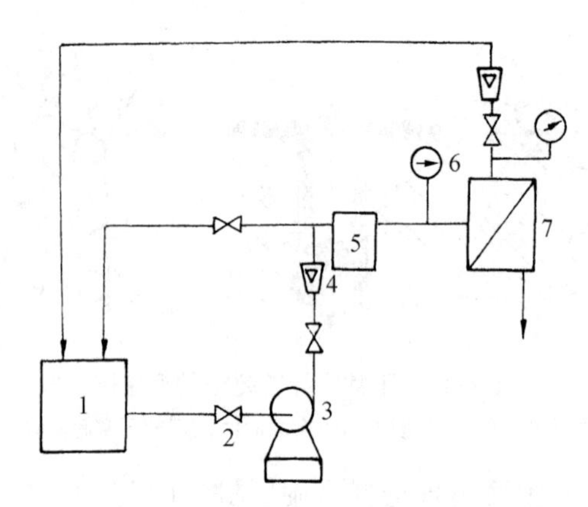

1—容器;2—阀门;3—输液泵;4—流量计;5—预滤器;6—压力表;7—板式超滤器。

图 4-17 超滤流程示意图

4.9.4 实验步骤

(1) 若长时间不进行本实验,为防止中空纤维膜被微生物侵蚀而损害,超滤装置内应有保护液,保护液为1%甲醛。实验前应将保护液放尽。用自来水清洗中空纤维超滤组2~3次。

(2) 实验为天然水,要求如下:浊度小于5度、悬浮物小于5 mg/L,pH值为2~13。

(3) 裁剪超滤膜,组装超滤装置。

(4) 选择一定的工作压力,压力控制在0.10 MPa,控制一定的流量,使超滤液流量和浓缩液流量比为4∶1~6∶1,测定水的透过速率。

(5) 测定超滤的压力、不同浓度滤液的透过速率,分析滤液的浓度和滤速的关系。

(6) 测定透过前后水的浊度、颗粒粒径、悬浮物含量、细菌数。浊度用浊度仪;颗粒粒径用显微测微法;悬浮物含量用重量法;细菌数用10倍稀释镜检法。

(7) 确定纯净水的工艺操作条件。

(8) 操作结束用大流量化学清洗液反冲清洗超滤装置,清洗时间为20 min以上,清洗压力控制在0.05 MPa。清洗液为0.5%过氧化氢、稀酸。

4.9.5 实验数据处理

(1) 记录操作时间、操作压力,绘制不同浓度滤液的超滤曲线图。

(2) 测定超滤液的数量与蛋白浓度,计算浓缩倍数。

4.9.6 思考题

(1) 如何清洗、保护超滤膜,以延长超滤膜的使用寿命?

(2) 超滤操作过程中,如何选择压力的大小?

(3) 板式超滤器具有哪些特点?

(4) 如要求的浓缩倍数较高,考虑多次超滤的可行性及实验流程。

(5) 超滤实验的应用设计练习。假设应用超滤技术对乳清溶液浓缩,原料液中含总固形物质约5.55%,其中蛋白质0.7%、乳糖4.3%、灰分0.5%、脂肪0.05%。要求经过超滤浓缩后,蛋白质浓度达到12.0%以上。

第5章　开放性实验

本章包括了3个开放性实验。通过这些实验操作，可以培养学生从工程的角度理解、分析和解决生物工程领域的实际问题，强化学生的工程实践能力。

5.1　空气过滤器净化效果实验

5.1.1　实验目的

(1) 熟悉空气净化器及空气过滤器的结构、操作。

(2) 测定压缩空气经空气预过滤器、蒸汽过滤器及空气过滤器后的净化效果。确定流量与净化效果的关系。

(3) 测定空气经空气净化器后的净化效果，并确定无菌室达到一定无菌条件所需的净化面积比例。

5.1.2　实验原理

生物工程工厂生产中，为了保证生物制品的质量，往往对空气有不同的净化要求，即对空气中所含尘粒及菌落数有一定的限制。有些工序如菌种培养等，要求无菌无尘。具有这种较高洁净度要求的房间，称为生物洁净室。在生物制品工厂中所需的洁净房间称为洁净室。

我国《生物制品生产管理规范》规定：

100级：每升空气中大于或等于0.5 μm的尘粒不超过35粒，菌落数小于1个。

1 000级：每升空气中大于或等于0.5 μm的尘粒不超过350粒，菌落数小于3个。

10 000级：每升空气中大于或等于0.5 μm的尘粒不超过3 500粒，菌落数小于10个。

规定尘粒一般在离地面0.8～1.5 m高的区域测定，菌落数规定9 cm，双碟露置30 min。对于洁净度为100～10 000级的洁净室，一般采用高效空气净化系统。

本实验所用中效空气过滤器为WZ-CP系列，无纺布滤材制成；高效空气过滤器为SHJ型自净器。滤芯如图5-1所示。

生物制品工厂中工艺性气体或溶液一般也需做净化处理。常用的方法是使气体或溶液通过无菌滤器，除去其中活的或死的细菌，而得到无菌空气或无菌溶液，称过滤灭菌法。既然是无菌空气或无菌溶液，就要求平板检查时应完全无菌。

高效金属过滤器实际上是一种叶滤机，其主体为多根滤棒，滤芯材料由金属镍粉压制而成，孔径约为0.5 μm。它是一种高效精密节能型气体净化设备。其滤棒如图5-2所示。

过滤灭菌法应配合无菌操作技术进行。过滤灭菌前应对气体或溶液进行预过滤，尽量除去颗粒状杂质。目前常用的除菌过滤器主要是微孔过滤器，它由烧结金属微孔器构成。流程由两级粗滤和一级精滤组成。第一级粗滤主要滤除空气或生物制品液中大部分颗粒状物质。第二级粗滤主要滤除蒸汽中铁锈和杂质。精滤过滤器孔径为0.22～0.5 μm。

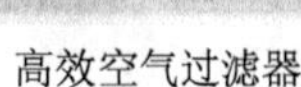
高效空气过滤器　　中效空气过滤器

图 5-1　空气净化器滤芯

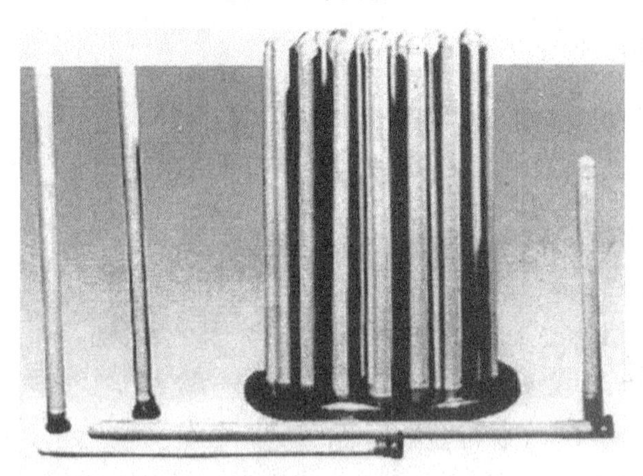

图 5-2　金属过滤器滤棒

空气或溶液中含有不同类型的微生物,有非病原菌的和病原菌。病原菌在生产过程中应完全除掉,但病原菌的测定较困难且费时。另外,病原菌在空气和溶液中容易变异与死亡,因此数量较少,这样就要找到一个合适的指示菌,它应该是非病原菌,容易检出,而又与病原菌共生。若指示菌在空气和溶液中不存在,则大多数情况也能保证没有病原菌。最常用的指示菌是大肠杆菌菌群。屎肠球菌就是肠系菌群的一种,它是一种兼性厌氧菌、革兰染色阳性、无芽孢的椭圆形细菌,故本实验用屎肠球菌作指示菌。

5.1.3　实验装置

实验流程如图 5-3 所示,设备规格如下。

(1) 空压机:V0.14/10 型,排气量 0.14 m^3/min,压力 1.0 MPa。

(2) 空气缓冲罐:ϕ 400 mm×1 000 mm,碳钢。

(3) 转子流量计:LZB-10 型。

(4) 预过滤器:JLS-YU-2 型,ϕ 164 mm×800 mm,不锈钢。

(5) 蒸汽过滤器:JLS-F-35 型,ϕ 89 mm×500 mm,不锈钢。

(6) 金属过滤器:JLS-W-2 型,ϕ 164 mm×793 mm,不锈钢。

(7) 净化空气罐:ϕ 300 mm×300 mm,不锈钢。

(8) 自净器:SHJ 型,送风量 600 m^3/h,554 mm×554 mm×700 mm。

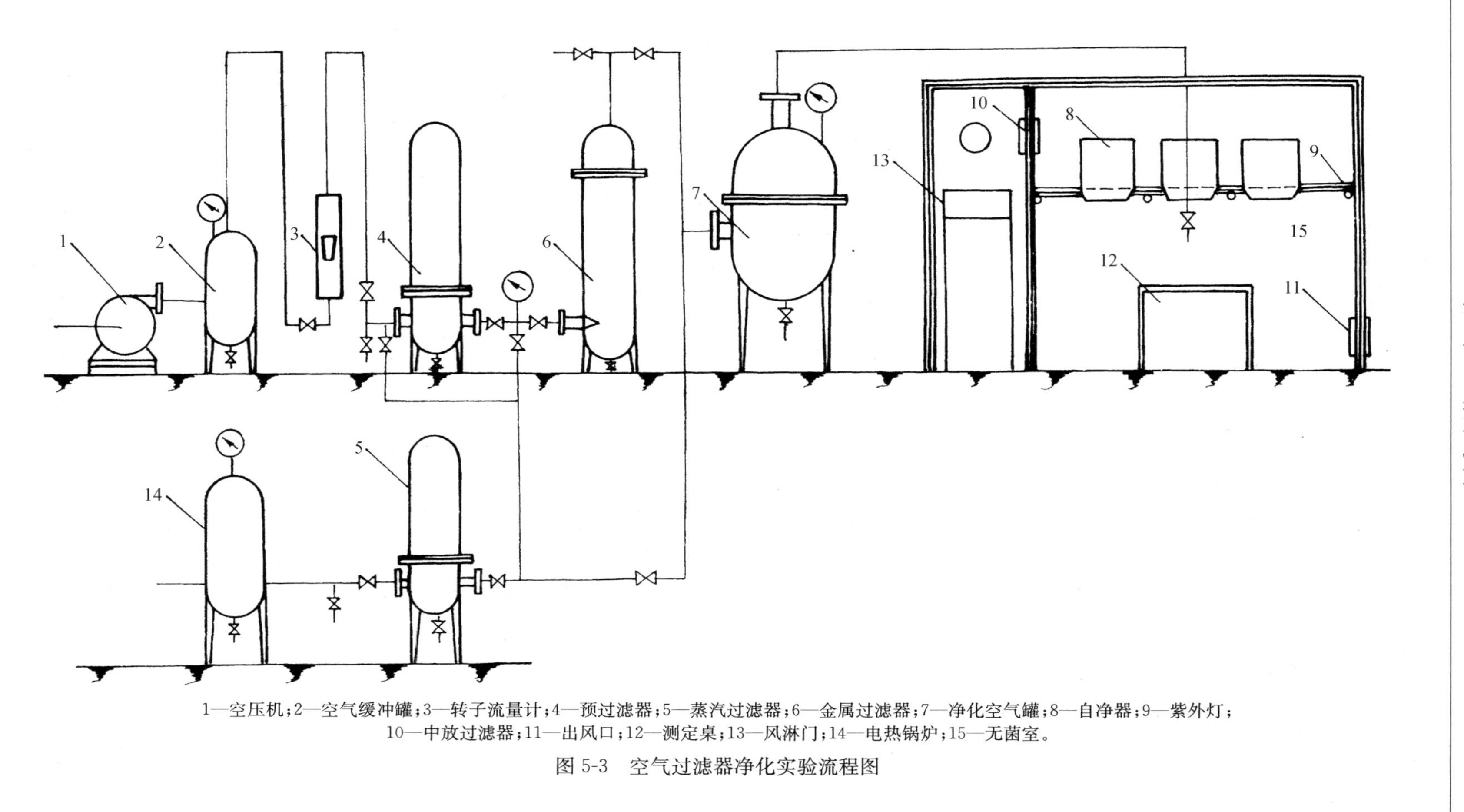

1—空压机；2—空气缓冲罐；3—转子流量计；4—预过滤器；5—蒸汽过滤器；6—金属过滤器；7—净化空气罐；8—自净器；9—紫外灯；10—中放过滤器；11—出风口；12—测定桌；13—风淋门；14—电热锅炉；15—无菌室。

图 5-3 空气过滤器净化实验流程图

(9) 紫外灯:40 W。

(10) 中放过滤器:WZ-1型,风量2 000 m^3/h,过滤面积为2.5 m^2,500 mm×500 mm×500 mm。

(11) 出风口:400 mm×300 mm。

(12) 测定桌:木。

(13) 风淋门:HLB-1型,过滤效率99.99%,风淋时间0~99 s,风速大于等于20 m/s,1 910 mm×900 mm×1 910 mm,聚氨酯复合板。

(14) 电热锅炉:DRQ45-0.7型,蒸汽量0.045 t/h,压力0.7 MPa,额定功率36 kW。

(15) 无菌室:4 000 mm×3 000 mm×2 000 mm。

(16) 培养箱:GNP9080型。

(17) 显微镜:Leica生物显微镜。

(18) 灭菌锅:ZDX-35B1型。

5.1.4 实验步骤

(1) 将空气净化系统与净化室先行灭菌。为了保证空气净化系统测定的准确性,本装置设有电热锅炉,试验前先用120℃蒸汽将装置系统灭菌1 h,以杀灭系统中所有细菌。灭菌过程中应打开所有设备及管线上的排空阀,使之形成"活蒸汽"。转子流量计前设备不必灭菌。

为了保证空气净化器测定的准确性,空气净化器所在的净化室应预先灭菌。其方法如下:先用5%的新洁尔灭或过氧乙酸水溶液抹洗无菌室内所有器物与地面、墙面、顶面;实验前一天用5%甲醛水溶液喷雾密闭净化室20 h;实验前4 h开所有紫外灯。

(2) 净化室中自净器全开,开启空压机,控制一定的流量,保持流程前后压力表恒定,系统稳定1 h。

(3) 分别测定蒸汽过滤器及流量计出口的净化效果。

(4) 改变流量2次,重新测定上述数据,关闭系统。平板置于无菌室测定桌上,每次2对,每次测定打开平板半小时后迅速关闭,在培养箱中37℃培养20 h后数菌落数,用显微镜测定平板上的尘粒数。

(5) 平板仍置于测定桌上,分别开启1~3台自净器,测定无菌条件与净化面积的比例。

(6) 测定无菌室外、风淋门后、中效过滤器后的菌落数与尘粒数。

(7) 琼脂平板培养基配方:Polytone蛋白胨10 g,Oxfor酵母膏3 g,葡萄糖10 g,氯化钠5 g,琼脂15~20 g,水1 000 g,pH值7.4~7.6。各次实验应事先倒好9 cm琼脂平板26对。

5.1.5 实验数据处理

(1) 根据流量、压力计算每立方米空气的菌落数与尘粒数,分别表示净化系统中各部分的净化效果。

(2) 列表表示流量与净化效果的关系,提出本系统的净化指标及气体流量的限制。

(3) 求出净化室的净化面积比例,提出本自净器的最佳净化能力与限制。

5.1.6 思考题

(1) 净化系统的流量由哪里控制?压力与流量的关系如何?为什么要设置两个空气缓冲罐?

(2) 实验前为什么应对净化系统进行蒸汽灭菌,其温度与时间是依据什么进行控制的?

为什么应将管路及设备的所有放空阀打开？

（3）本无菌室的无菌处理方法与微生物学实验中的方法有什么不同？为什么要采取这些参考措施？

（4）本实验方法与工业生产灭菌过程和净化过程有什么不同？

5.2 薄膜蒸发实验

5.2.1 实验目的

（1）了解料液薄膜蒸发的浓缩过程。

（2）测定薄膜蒸发器的蒸发能力与浓缩效果。

（3）测定薄膜蒸发器加热器的传热系数。

（4）测定葡萄糖、蛋白胨等水溶液浓度与密度间的关系。

5.2.2 实验原理

生物工程、生物制品、制药、化工等行业都离不开浓缩过程。而浓缩过程又是一个极耗能的操作，如何合理利用能量、降低能耗、提高效率是浓缩操作的技术关键。本实验采用新型高效薄膜蒸发器进行蒸发实验。

加热不挥发固体物质（盐、碱、生化试剂等）的溶液时，溶液即转变为蒸汽状态，从而提高了溶液中不挥发物质的浓度。当溶液沸腾时，蒸汽放出的强度最大，在蒸发技术中这种方法也用得最多。蒸发过程可以在不同的压强下（高于或低于大气压），利用炉气、水蒸气、电热等热源来实现。但在蒸发中，常用水蒸气作为载热体。

溶液中所排出的水量可根据下述方程式确定：

$$W = G_{始}(1 - X_{始}/X_{终}) \tag{5-1}$$

式中，W 为被蒸发的水（二次蒸汽）量（kg/h）；$G_{始}$ 为原始稀溶液量（kg/h）；$X_{始}$ 与 $X_{终}$ 为干物质在稀溶液中的初始及终结质量分数。

用于蒸发所消耗的热量，根据下述方程式确定：

$$Q = Q_{预热} + Q_{蒸发} + Q_{损失} + Q_{浓缩} \tag{5-2}$$

式中，$Q_{预热} = G_{始}C_{始}(t_{沸} - t_{始})$。其中，$C_{始}$ 为稀溶液的比热[kJ/(kg·℃)]；$t_{沸}$ 为蒸发器中溶液的沸点（℃）；$t_{始}$ 为稀溶液进入蒸发器时的温度（℃）。

$$Q_{蒸发} = Wr \tag{5-3}$$

式中，r 为溶剂的汽化热（kJ/kg）。

$$Q_{损失} = \alpha A_{外}(t_{壁} - t_{空气}) \tag{5-4}$$

式中，α 为由器壁至空气的给热系数[W/(m^2·℃)]；$A_{外}$ 为设备的外表面积（m^2）；$t_{壁}$ 为设备的外壁温度（℃）；$t_{空气}$ 为实验场所处的温度（℃）。

当浓缩远未达到饱和状态的溶液时，其浓缩热不大，故在很多情况下，可将其忽略。实现

蒸发过程所必需的热量，由加热蒸汽供给。加热蒸汽的消耗量为

$$G_{汽} = Q / r_{加热} \tag{5-5}$$

式中，$r_{加热}$为加热蒸汽的冷凝热(kJ/kg)。

在间歇操作的蒸发装置中，设备的溶液浓度随时间由最初的浓度变化至最终的浓度；而在连续操作的蒸发装置中，设备中溶液的浓度则接近于最终浓度。蒸发装置加热器的热负荷亦可由冷凝液液量来求取。实验中只要能获得加热器进出口料液的温度及加热蒸汽压力，就可求得加热器的传热系数。

5.2.3 实验装置

为了熟悉蒸发器的操作，结合当前蒸发设备发展的趋势，本实验选用升膜减压薄膜蒸发器。根据生物工程专业性质的要求，本实验采用葡萄糖-水或蛋白胨-水系统。设备的生产能力为60～200 L/h。溶液的初始浓度为3%～10%，可蒸发至质量的25%～30%。本系统无盐析及浓缩热问题。由于电热锅炉能力的限制，本装置的生产能力不宜超过100 L/h。

稀溶液在低位槽中配置。由于蛋白胨稍难溶，可用热水，蛋白胨先称重，水计量，以离心液下泵来实现溶液的搅拌，并用此泵将稀溶液打入实验装置的高位槽。料液用转子流量计计量后流入蒸发器中。加热蒸汽由电热锅炉提供，蒸汽压力可控制，电热锅炉电热器有三组，亦可用于控制蒸汽量。

系统的真空由水喷射泵系统提供，真空度可达93 kPa(700 mmHg)，真空度由真空表指示及调节。加热器、蒸发室、料罐、缓冲罐均有真空指示。

料液及浓缩液的浓度由比重天平测定，再由密度换算成料液及浓缩液的质量分数。溶液的密度测定应在恒温下进行，本实验均用30℃恒温水浴控温测定。

料液、浓缩液、加热器壁温用电阻温度计测定。蒸汽冷凝液先经列管式换热器冷水冷却，再在量筒中计量。

实验装置及流程如图5-4～图5-6所示。

图 5-4 薄膜蒸发装置正视图

图 5-5 薄膜蒸发装置侧视图

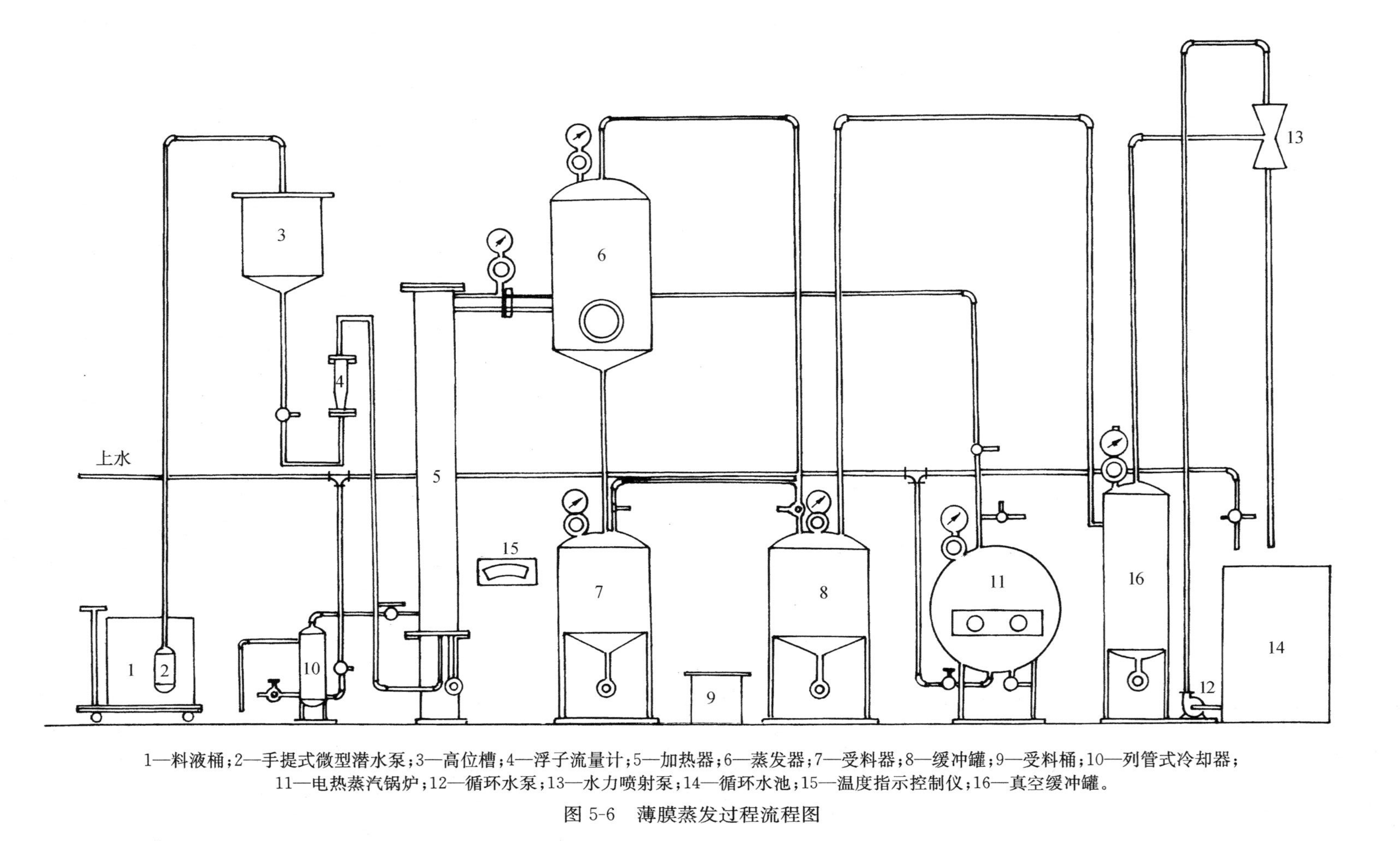

1—料液桶;2—手提式微型潜水泵;3—高位槽;4—浮子流量计;5—加热器;6—蒸发器;7—受料器;8—缓冲罐;9—受料桶;10—列管式冷却器;11—电热蒸汽锅炉;12—循环水泵;13—水力喷射泵;14—循环水池;15—温度指示控制仪;16—真空缓冲罐。

图5-6 薄膜蒸发过程流程图

实验装置的设备规格如下。

(1) 料液桶:不锈钢,ϕ 400 mm×400 mm,50 L。

(2) 手提式微型潜水泵:QD×250 型,流量为 2.5 m^3/h,扬程为 17 m,0.25 kW。

(3) 高位槽:不锈钢,ϕ 400 mm×400 mm,50 L。

(4) 浮子流量计:塑料,60~600 L/h。

(5) 加热器:ϕ 159 mm×1 640 mm,列管为 ϕ 36 mm×3 mm、7 根,管长 1.46 m,加热内表面积 0.963 m^2。

(6) 蒸发器:不锈钢,ϕ 500 mm×700 mm,200 L,蒸汽管为 ϕ 76 mm×3 mm,器顶及中部有玻璃视镜。

(7) 受料器:不锈钢,ϕ 350 mm×350 mm,30 L。

(8) 缓冲罐:不锈钢,ϕ 450 mm×1 000 mm,100 L。

(9) 受料桶:不锈钢,ϕ 350 mm×350 mm,30 L。

(10) 列管式冷却器:GL-0.4,0.4 m^2,铜翅片。

(11) 电热蒸汽锅炉:DRQ100-0.7,蒸发量 0.10 t/h,额定压力为 0.7 MPa,额定功率为 100 kW。

(12) 循环水泵:ZBL-6 型,流量为 30 m^3/h,扬程为 30 m,额定功率为 4 kW。

(13) 水力喷射泵:ZSB-40,排气量为 40 m^3/h,绝压为 3.1 kPa(23 mmHg)。

(14) 循环水池:水泥,1 800 mm×1 800 mm×1 500 mm,4.8 m^3。

(15) 温度指示控制仪:WMZK-10 型,0~100℃。

(16) 真空缓冲罐:ϕ 700 mm×2 000 mm,750 L。

(17) 液体比重天平:PZA-5 型。

(18) 超级恒温水浴:501 型,0~95℃,额定功率为 1.5 kW。

(19) 磅秤:1 000 kg。

5.2.4 实验步骤

(1) 控制超级恒温水浴 30℃,按 5%(质量)递增至 50%,配制蛋白胨或葡萄糖水溶液,置于 100 mL 量筒中,待恒温稳定后测密度。作蛋白胨或葡萄糖溶液-密度关系图。

(2) 循环水池注满水,并始终稍有溢流。关闭蒸发装置中的加热器、受料器、缓冲罐的放空阀、排料阀。开循环水泵,待真空度达 93 kPa(700 mmHg)时,检查各部是否有泄漏。再用缓冲罐上的放空阀控制系统真空度,控制蒸发器的真空度为 93 kPa(700 mmHg),并保持整个实验过程恒定。

(3) 电热蒸汽锅炉(见附录 2)加自来水至上刻度线,开电加热器。气压上升至 0.5 atm 时,开放空阀排锅炉内空气。蒸汽压力升至 1.5 atm 时,可开始蒸发实验。实验过程中尽可能控制蒸汽压力维持恒定。电热蒸汽锅炉的电加热器可随气压自行控制。电热蒸汽锅炉的安全阀可保证锅炉压力不超过 2.5 atm。锅炉水位至下水位时应及时补水,注意不使锅炉缺水。

(4) 料液桶加水 100~200 kg,用锅炉蒸汽加热至约 40℃,加蛋白胨或葡萄糖,补水,使溶液浓度为 2%~4%,料液泵打循环以使蛋白胨或葡萄糖全溶,测密度,磅秤称重后打入高位槽。

(5) 控制流量为 50~80 L/h 进料浓缩。

(6) 测定冷凝水流量时,先开启列管式冷却器的冷却水,用量筒、秒表测取平均冷凝水流量。每隔 10～15 min 读数一次，五次以上取平均数。

(7) 料液浓缩结束后，停真空系统，放出受料器中的浓缩液，测温、测浓度，精确称取质量。浓缩液重新配成原料液浓度后重复一遍。

(8) 实验完后，高位槽加自来水冲洗设备，放空加热器、蒸发器、受料器、缓冲罐中的积液。浓缩液待下批实验重复使用。

5.2.5 实验数据处理

实验数据如表 5-1 所示。

表 5-1 实验数据

稀溶液					加热器				蒸发器		冷凝器		真空度/Pa		电热蒸汽锅炉		浓缩液			
质量/kg	温度/℃	密度	质量分数/%	流量/(L/h)	蒸汽压力/(kg/cm^2)	表面温度/℃			真空度/Pa	温度/℃	容量/L	收集时间/s	受料器	缓冲罐	功率/kW	压强/Pa	质量/kg	密度	温度/℃	质量分数/%
						顶	中	底												

实验数据处理：

(1) 确定蒸发水量及浓缩效果。

(2) 计算蒸发器的传热量及计算蒸发的热利用系数。

(3) 计算蒸发器的传热系数：

$$K=\frac{Q}{A\Delta t_{\mathrm{m}}} \tag{5-6}$$

式中，$\Delta t_{\mathrm{m}}=t_{加热汽}-t_{沸腾液}$；$Q=G_{汽}\ \Delta i$；$\Delta i=i_{汽}-i_{冷凝}$；$A$ 是蒸发器传热面积。

5.2.6 思考题

(1) 蒸发器的热损失如何计算？器壁至空气的给热系数如何计算？壁温如何测？

(2) 用换热器冷凝水法测取的总传热量与用式(5-2)的方法测取的总传热量哪种方法准确？差别在什么地方？

(3) 如系统真空度达不到，应从哪些方面考虑改进？如何控制系统真空度？

(4) 实验测取浓度的方法准确性如何？本实验还有哪些需要改进的地方？

5.3 超滤、纳滤、反渗透分离实验

5.3.1 实验目的

(1) 了解超滤、纳滤、反渗透的分离原理及范围。

(2) 了解超滤、纳滤、反渗透的实验装置。

(3) 了解超滤、纳滤、反渗透净水装置的基本操作过程。

5.3.2 实验原理

膜分离是利用膜对混合物中各组分的选择渗透作用性能的差异,以外界能量或化学位差为推动力对双组分或多组分混合的气体或液体进行分离、分级、提纯和富集的方法。

1) 超滤

超滤技术是利用多孔材料的拦截能力,在一定的压力下,以物理截留的方式去除水中一定大小的杂质颗粒,实现对原料液的净化、分离和浓缩的目的。它能从周围含有微粒的介质中分离出 0.001～0.1 μm 的微粒,其分子切割量一般为 6 000～500 000,这个尺寸范围内的微粒通常有蛋白质、水溶性高聚物、细菌等。从操作形式上,超滤可分为内压和外压。运行方式分为全流过滤和错流过滤两种。当进水悬浮物较高时,采用错流过滤可减缓污堵,但相应增加能耗。常用的超滤膜有醋酸纤维素膜、聚砜膜、聚酰胺膜等。

与传统分离方法相比,超滤技术具有以下特点:① 超滤过程是在常温下进行,条件温和,无成分破坏,因而特别适宜对热敏感的物质,如药物、酶、果汁等的分离、分级、浓缩与富集;② 超滤过程不发生相变化,无须加热,能耗低,无须添加化学试剂,无污染,是一种节能环保的分离技术;③ 超滤技术分离效率高,对稀溶液中的微量成分的回收、低浓度溶液的浓缩均非常有效;④ 超滤过程仅采用压力作为膜分离的动力,因此分离装置简单、流程短、操作简便、易于控制和维护;⑤ 超滤法也有一定的局限性,它不能直接得到干粉制剂。对于蛋白质溶液,一般只能得到 10%～50%的浓度。

2) 纳滤

纳滤是一种介于反渗透和超滤之间的压力驱动膜分离过程,纳滤膜的孔径在 0.02 μm 以下,主要截留物质有杀虫剂、胶体、颜料等。物料的荷电性、离子价数和浓度对纳滤膜的分离效应有很大影响,对二价和多价离子及相对分子质量为 200～1 000 的有机物有较高的脱除性能,而对单价离子和小分子的脱除率则较低。纳滤膜大多从反渗透膜演化而来,如 CA 膜、CTA 膜、芳族聚酰胺复合膜和磺化聚醚砜膜等。与反渗透相比,其操作压力更低(一般在 1.0 MPa 左右),因此纳滤又称为“低压反渗透”。在水处理中,纳滤广泛应用于饮用水的浓度净化、水软化、有机物和生物活性物质的除盐和浓缩、水中三卤代物的去除、不同相对分子质量有机物的分级和浓缩、废水脱色等领域。

3) 反渗透

反渗透是一个自然界中水分自然渗透过程的反向过程。对透过的物质具有选择性的薄膜称为半透膜,一般将只能透过溶剂而不能透过溶质的薄膜称之为理想半透膜。当把相同体积的稀溶液(例如淡水)和浓溶液(例如盐水)分别置于半透膜的两侧时,稀溶液中的溶剂将自然穿过半透膜而自发地向浓溶液一侧流动,这一现象称为渗透。当渗透达到平衡时,浓溶液侧的液面会比稀溶液的液面高出一定高度,即形成一个压差,此压差即为渗透压。渗透压的大小取决于溶液的固有性质,即与浓溶液的种类、浓度和温度有关而与半透膜的性质无关。若在浓溶液一侧施加一个大于渗透压的压力时,溶剂的流动方向将与原来的渗透方向相反,开始从浓溶液一侧向稀溶液一侧流动,这一过程称为反渗透。反渗透膜的孔径范围在 1 nm 以下,在水中的众多种杂质中,溶解性盐类是最难清除的。因此,经常根据除盐率的高低来确定反渗透的净水效果。反渗透除盐率的高低主要取决于反渗透半透膜的选择性。目前,较高选择性的反渗透膜元件除盐率可以高达 99.7%。反渗透膜可以将重金属、农药、细菌、病毒、杂质等彻底分离，并且反渗透膜不分离溶解氧，因此，通过此法生产得出的纯水是活水，喝起来清甜可口。

5.3.3 实验装置

本实验将超滤、纳滤、反渗透的分离相结合，用于超纯水的制备。实验装置如图5-7所示。

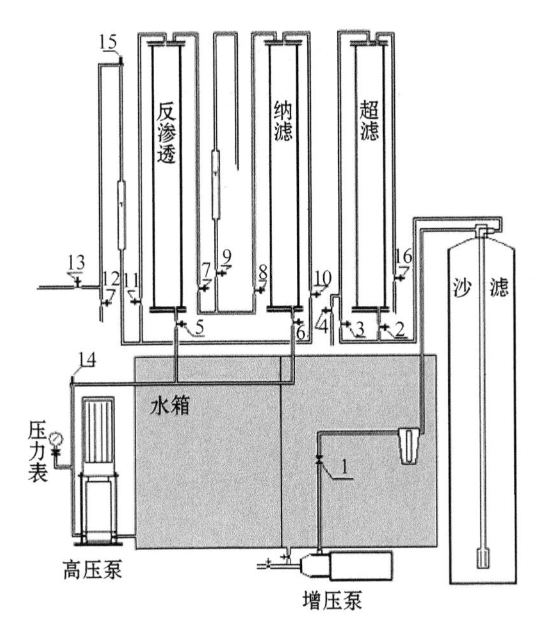

图5-7 超滤、纳滤、反渗透膜分离技术制备超纯水实验装置

5.3.4 实验步骤

(1) 连接好设备电源(380 V电源，三项五线，良好接地)。

(2) 向水箱注入自来水。

(3) 启动增压泵，打开阀门1，水箱中水经微滤进入沙滤，过滤掉水中大颗粒及悬浮物。

(4) 沙滤后的水由侧面进水口进入超滤膜中进行超滤，浓水由超滤膜上部流出，经阀门16回水箱。净水由阀门16回流水箱。

(5) 开高压泵前，先分别打开反渗透膜和纳滤的浓水阀7、8和浓水流量调节阀9，开泵后调节浓水阀9来控制反渗透膜和纳滤膜的压力。

(6) 记录原水电导和净水电导(反渗透膜和纳滤膜最好分开做，这样可以比较两膜的分离效果)。

(7) 系统停机前应先全开反渗透膜和纳滤膜浓水阀7、8和流量调节阀9，卸掉反渗透膜中的压力方可停高压泵。

(8) 超滤如需长期放置，可用1%～3%的亚硫酸氢钠溶液浸泡封存。

(9) 设备存放实验室应有合适的防冻措施，严禁结冰。

(10) 纳滤、反渗透长期停机应采用1%的亚硫酸氢钠或甲醛溶液注入组件内，然后关闭所有阀门封闭，严禁细菌侵蚀膜元件。三个月以上应更换保护液一次。

(11) 系统停机，必须切断电源。

5.3.5 实验数据处理

测定原水电导及淡水电导并计算透过率。测定不同流速下的分离效率。

5.3.6 思考题

(1) 膜分离技术较传统分离技术有哪些优势?
(2) 超滤、纳滤、反渗透的应用范围及特点有什么异同?

附　　录

附录 A　阿贝折射仪

阿贝折射仪是一种光学仪器。在生物工程实验中，阿贝折射仪常用于测定二元混合液的组成。阿贝折射仪可以测定温度在 10～50℃内的折射率。折射率测量范围为 1.300～1.700，测量精度可达±0.000 3。该仪器使用较简便，取得数据较快。折射仪的结构已在物理化学实验中介绍过，如下图所示。

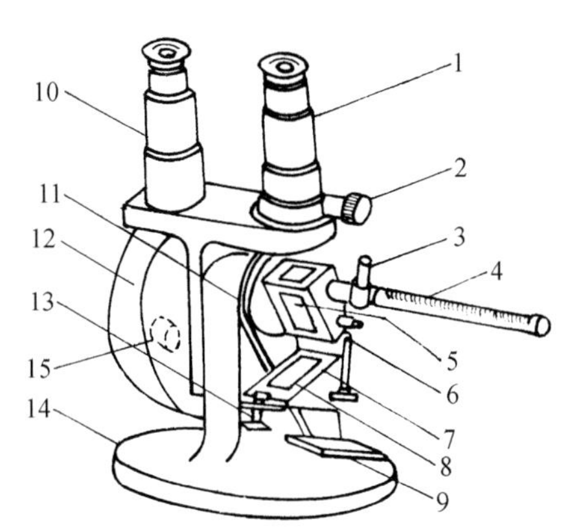

1—测试镜；2—消色散手柄；3—恒温水入口；4—温度计；5—测量棱镜；6—铰链；7—辅助铰链；8—加液槽；9—反射镜；10—读数望远镜；11—转轴；12—刻度罩；13—锁钮；14—底座；15—手柄。

图 A-1　阿贝折射仪

A.1　折射仪的使用方法

(1) 先将折射仪置于白炽灯前，再将测量棱镜和辅助棱镜上保温夹套的水进出口与超级恒温水浴之间用橡皮管连接好，然后将恒温水浴的温度自控装置调节到所需测量的温度。待水浴温度稳定 10 min 后，即可开始测量。

(2) 加样。松开棱镜组上的锁钮，将辅助棱镜打开，用少量丙酮清洗镜面，用揩镜纸将镜面揩干。待镜面干燥后，闭合辅助棱镜，将样品用滴管从加液小槽中加入，然后旋紧锁钮。

(3) 对光和调整。转动手柄，使刻度盘标尺的示值为 1，并调反射镜，使入射光进入棱镜组，使测量望远镜的视场最亮。再调节目镜，使视场准丝最清晰。转动手柄直至观察到视场中的明暗界限，此时若出现色彩光带，则应调节消色散手柄，直到视场内呈现清晰的明暗界限为止，将明暗界线对准准丝交点。此时，从读数望远镜中读得的读数即为折光率 n_D 的值。

(4) 测量结束时,先将恒温水浴的电源关掉,同时关掉白炽灯,然后将棱镜表面擦干净。如果较长时间不使用,应将与恒温水浴连接的橡皮管卸掉,并将棱镜保温套中的水放干净,然后将折射仪收藏到仪器箱中。

A.2 使用折射仪的注意事项

(1) 保持仪器的清洁,严禁用手接触光学零件(如棱镜及目镜等),光学零件只允许用丙酮、二甲苯、乙醚等清洗,并只允许用揩镜纸轻擦。

(2) 仪器应严禁激烈振动或撞击,以免光学零件受损伤和影响精度。

(3) 折射仪的刻度盘上标尺的零点有时会发生移动,须经常加以校正。其方法是用一已知折光率的标准液体,一般用纯水按上述方法进行测定,将平均值与标准值比较,其差值即为校正值。纯水的 $n_{20}=1.3325$。

附录 B　电热蒸汽锅炉使用说明

B.1　使用说明

由于本实验采用大功率电热蒸汽锅炉(见图 B-1),特制订本使用说明。

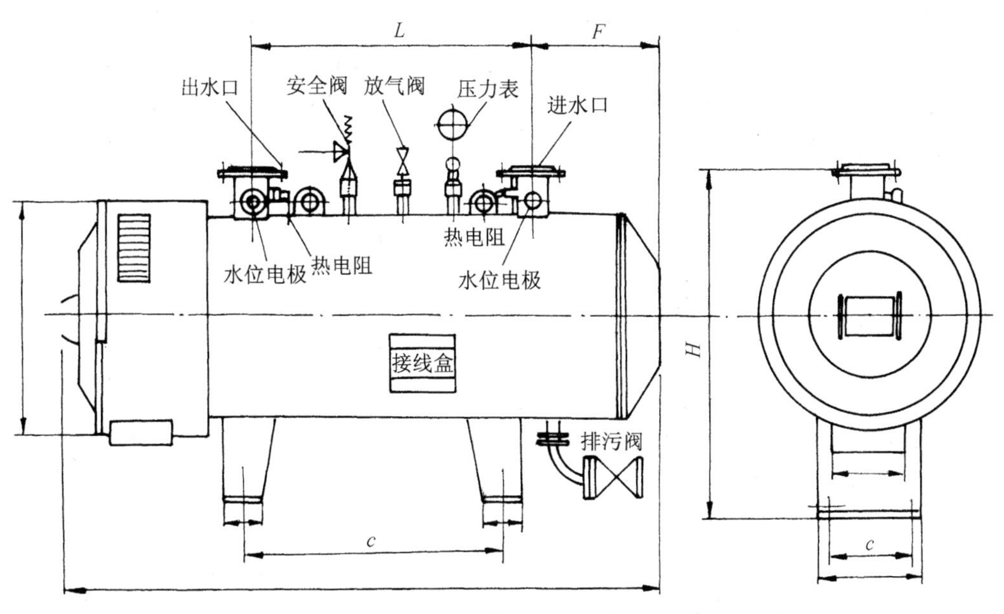

图 B-1　电热蒸汽锅炉示意图

(1) 通电前先关闭排污阀、主汽阀,打开放气阀、进水阀,准备锅炉进水。

(2) 将电控箱面板上"加热手动/自动"钮置于中间空档位,"给水泵手动/自动"钮置于手动位。

(3) 合上配电柜电源开关、打开面板上的电源开关。

(4) 察看仪表,指示灯显示的参数及工作状态是否正常,特别注意电热蒸汽锅炉缺水超压是否报警,若有异常应查明原因并予以排除,直到全部正常。

(5) 调整各项预置工作参数:

① 压力控制仪的上限设定压力调到 0.5 MPa,下限设定压力调整到 0.4 MPa;

② 将电热蒸汽锅炉上的电接点压力表上限指针拨到"0.7 MPa",下限指针拨到"0.05 MPa"。

上述两项参数在使用过程中可按如下规则做调整:压力下限小于压力上限、小于电接点压力表上限压力,且压差在 0.1 MPa 以上,压力表上限设置必须不大于 0.7 MPa。

(6) 水位正常后分别按下四组加热按钮,观察三相电流是否正常,若三相电流不平衡,读数相差 15 A 以上,应查明原因,及时排除故障(三相电流不平衡并不影响其他操作,仍可开机运行)。

(7) 手动操作正常后,可切换到“加热自动”控制。电热蒸汽锅炉即按预设的各项参数自动分组启动或停止电加热。

(8) 运行中出现故障报警时,可按消音钮消音。

(9) 若需要停掉电加热,保留面板显示及其他功能,将“加热手动/自动”选择按钮置于中间空档位;若要完全停止电加热锅炉运行,关电源开关,最后拉开配电柜电源。

(10) 给水泵出口处水压应比电热蒸汽锅炉压力高出 0.1 MPa。

(11) 当电热蒸汽锅炉进行通电,加热水位正常,发现放气阀冒出蒸汽后,关闭放气阀,打开主汽阀使蒸汽通至分汽阀,再通过疏水阀泄水管 2～5 min 排除管道中冷凝水后,关闭疏水阀,即可对外送汽。首次电加热产生蒸汽后,应打开锅炉排污阀,排污 1～2 次。

(12) 电热蒸汽锅炉运行中遇到下列情况之一时,应立即停掉电热蒸汽锅炉电源:① 电热蒸汽锅炉缺水,水位低于水位表最低可见边缘;② 安全阀失效;③ 水位表或压力表全部失效;④ 给水泵故障不能继续供水;⑤ 电气接线温度过高出现异味或冒烟着火;⑥ 其他异常情况超出允许范围且危及安全运行。

(13) 设立运行操作记录等,做好各项指标的运行记录。

B.2 日常运行维护和保养

为保证设备正常、安全运行并延长设备寿命,应做好维护保养工作。

(1) 认真执行排污制度。新设备每天排污 1～2 次,连续使用一个月后,可根据炉水品质合格情况,适当延长排污时间,每次开启排污阀门 10～20 s,定期排污应在低负荷下进行,同时严格监视水位。排污后须将排污阀门关紧。

(2) 新设备连续使用三天后,应检查并紧固电控箱出线端子,电热元件接线柱。以后应经常巡视检查运行中的线路、电控箱、电热蒸汽锅炉元件、水泵等设备,确保电线连接、接地安全可靠。

(3) 水位表压力表应每天冲洗一次,压力表在三通旋塞冲洗时,观察指针是否灵活正确。

(4) 水位传感器电极应半月拆洗一次。

(5) 安全阀经调整后,运行中每周开启一次,每次提位安全阀 3～5 s,以防安全阀生锈失灵。安全阀每年至少一次整定和校验。经过验修或更换后,安全阀要重新进行整定,其整定压力、回座压力、密封性等检验结果应记入技术档案。校验后应铅封,严禁任意将阀芯卡死、提高安全阀开启压力或使安全阀失灵后运行。

(6) 电热元件端部严防受潮,尤其夏季要严格禁止冷水进入电热蒸汽锅炉,造成结垢而使电热元件受损报废。对备用或停用的锅炉,必须采取防腐措施,对短期停用锅炉可采取湿法保养,将电热蒸汽锅炉锅筒内灌满水后,保持微压,并将所有阀门关紧。

(7) 定期抽查电热元件表面结垢情况,如有结垢,应清除,并检查水质。

(8) 做好电热蒸汽锅炉水质管理工作,采用有效的水处理措施,使电热蒸汽锅炉正常运行。

附录C　实验室安全操作基本知识

生物工程单元操作实验是一门实践性很强的技术。实验过程中必须遵守一些共同的不可违反的安全技术。由于生物工程单元操作实验涉及内容十分广泛，对于实验人员来说，应有足够的安全知识才能保证工作顺利进行。因为在实验过程中要接触具有易燃、易爆、有腐蚀性和毒性的物质，同时还要在高压、高速、高温或低温、真空条件下操作。此外，还要涉及用电和仪表操作等方面的问题，故要能有效地达到实验目的就必须精通安全技术。

C.1　危险药品分类

1）爆炸性物品

常见的爆炸物品有硝酸铵、雷酸盐、重氮盐、三硝基甲苯和其他含有三硝基以上的有机化合物等。这类物质对热及机械作用敏感，爆炸力很强，爆炸时不需要空气助燃，会产生有毒及刺激性气体。

2）氧化剂

常见的氧化剂有高氯酸盐、氯酸盐、次氯酸盐、过氧化物、过硫酸盐、高锰酸钾、铬酸及重铬酸盐等。它们本身不燃，但在受热、受光及其他药品（酸、水等）作用时，能产生氧，起助燃作用并造成猛烈燃烧。

3）易燃液体和可燃气体

实验室中如有苯、乙醇、丙酮、煤气等，遇明火即燃烧。易燃液体的蒸汽一般比空气重，当它们在空气中挥发时，常常在低处或地面上飘浮。因此可能在距离存放这种液体相当远的地方着火。所以，这类物品必须严禁明火，远离电源设备及其他热源，更不能与危险品放在一起，以免引起更大危害。

4）腐蚀性物品

这类物质有强酸、强碱、苯胺等。它们对皮肤和衣服有腐蚀作用，特别是在浓度和温度都较高的情况下。使用中应防止与人体（特别是眼睛）和衣服接触。

C.2　安全使用危险药品

实验室内领用危险药品应根据实验需要用量按照规定数量领取。不能在实验场所存放大量危险物品。存放易燃药品应严禁明火、远离热源、避免日光直射。

危险物品在实验前结合实验具体情况，制订出安全操作规程。蒸馏易燃液体或在高压釜内进行液相反应时，加料的数量绝不允许超过容器的2/3。在加热和操作过程中，操作人员不得离岗，不允许在无操作人员监视下加热。低沸点的易燃有机物精馏，不应使用明火直接加热。进行这类实验的操作人员，必须熟悉实验室中灭火器材的存放地点和使用方法。

C.3 安全使用压缩气体钢瓶

压缩气体通常都是充装在耐压钢瓶中。氢、氧、氮等压缩气体最高压力可达 15 MPa。若受日光直晒或靠近热源,瓶内气体膨胀,超过钢瓶耐压强度,容易引起爆炸。可燃压缩空气的泄漏也会造成危险。如氢气泄漏或含氢尾气排放时,当氢气和空气混合后浓度达到 4%~75.2% 时,遇明火即会爆炸。

常用气瓶的色标如下:氧气是天蓝色;氢气是深绿色;氮气是黑色;氯气是草绿色;氨气是黄色;石油气是灰色。其中氧气、氮气、氯气、氨气阀门出口为正扣;氢气、石油气为反扣。按规定,可燃气体钢瓶与明火距离应在 10 m 以上。钢瓶使用时必须牢靠地固定在架子上、墙上或实验台旁。运输钢瓶应戴好瓶帽和橡胶安全圈,严防碰撞。氧气钢瓶上及其附件上严禁黏附油脂等物,阀门及垫片、减压阀不能用可燃性垫片。使用钢瓶必须连接相应的减压阀或高压调节阀。当钢瓶内压力降至 0.5 MPa 时应停止使用,压力过低会给充气带来不安全因素。

C.4 预防生物危害

(1) 生物材料如微生物、动物组织、细胞培养液、血液和分泌物都可能存在细菌和病毒感染的危险,绝不可忽视。如通过血液感染的血清性肝炎、通过呼吸感染的 SARS 病毒就是最大的生物危害之一。感染主要途径除血液、呼吸外,其他如体液也能传递病毒,因此处理各种不同类型生物体、生物材料必须谨慎、小心,做完实验后必须用肥皂、洗涤剂、消毒液充分洗净双手。

(2) 使用微生物作材料时,尤其要注意安全和清洁卫生。被污染的物品必须进行高温消毒或烧成灰烬。被污染的玻璃器材必须清洗,在适当的消毒液中浸泡并高温灭菌。

(3) 进行遗传重组的实验应根据有关规定加强生物危害的防范措施。

C.5 实验室消防

实验操作人员必须了解消防知识。实验室内应准备一定数量的消防器材。工作人员应熟悉消防器材的存放位置和使用方法,绝不允许将消防器材移作他用。实验室常用消防器材包括下列几种。

1) 灭火沙箱

易燃液体和其他不能用水灭火的危险品,着火时可用沙子来扑灭。但沙子不能混有可燃性杂物,并要干燥。实验室内沙箱有限,故这种灭火工具只能扑灭局部小范围的火源。

2) 泡沫灭火器

灭火液由 50 份硫酸铝和 50 份碳酸氢钠及 5 份甘草精组成。使用时将灭火器倒置,碳酸氢钠溶液与硫酸铝反应生成二氧化碳,甘草精则是发泡剂,此泡沫黏附在燃烧物表面上,隔绝空气而达到灭火的目的。它适用于扑灭实验室一般火灾,油类在着火开始时也可使用,但不能扑灭电线和电器设备的火灾,因为泡沫是导电的。

3）四氯化碳灭火器

钢瓶内装入四氯化碳并压入 0.7 MPa 的空气，使灭火器有一定的压力。使用时将灭火器倒置，旋开手阀即喷出四氯化碳，它是不燃液体，其蒸气比空气重，能覆盖在燃烧物表面使其与空气隔绝而灭火。它适用于扑灭电器设备的火灾，但要站在上风喷，因为四氯化碳是有毒的。灭火后室内应通风，以免中毒。

4）二氧化碳灭火器

钢瓶内是压缩的二氧化碳。使用时旋开手阀，二氧化碳急喷而出，使燃烧物与空气隔绝。空气中含有 12%～15%的二氧化碳时，燃烧即停止。使用时应注意防止现场人员窒息。

C.6　实验室安全用电

1）保护接地和保护接零

当大于 10 mA 的交流电流或大于 50 mA 的直流电流通过人体时就可能危害人体安全。我国规定 36 V(50 Hz)的交流电是安全电压。防止触电要经常检查实验室的电气设备，注意是否有保护接地或保护接零的措施。

检查漏电常用试电笔。一般使用前要在带电的导线及设备壳上预测，以检查是否正常。保护接地是指电器设备的金属外壳上有一足够粗的导线埋在地下的金属体上。一旦漏电，电流可流入地下，人体触及外壳时，流过人体的电流很小而不致触电。实验室设备大部分用保护接零的办法。

保护接零是指电器设备的金属外壳用一导线接于供电系统的零线上。设备漏电时，金属外壳与零线形成一个短路电路，由于零线电阻很小，短路电流很大，使熔断丝断开，切断电源。

2）实验室安全用电注意事项

(1) 进行实验之前必须了解室内总电闸与分电闸的位置，出现事故时可以及时切断电源。

(2) 电器设备的维修必须停电作业。

(3) 电器设备的保护接零应定期检查是否良好。

(4) 导电线裸露部分必须用绝缘胶布包好。

(5) 所有电器带电时不能用湿布擦抹，更不能有水落于其上。

(6) 电源的熔断丝及保险管必须按规定使用，不能任意加大，更不能用铜丝或铝丝代替。

(7) 发生停电，必须切断所有电闸，以防来电时设备在无人监视的情况下运行。

附录 D 国际单位制基本单位和基本常数

D.1 国际单位制(SI)基本单位

量的名称	单位名称	单位符号
长度	米	m
质量	千克(公斤)	kg
时间	秒	s
电流	安[培]	A
热力学温度	开[尔文]	K
物质的量	摩[尔]	mol
发光强度	坎[德拉]	cd

D.2 基本常数

名 称	符 号	数 值
重力加速度	g	$9.806\,65/\mathrm{s}^2$
玻耳兹曼常数	k_B	$1.380\,44\times10^{-23}\,\mathrm{J/K}$
气体常数	R	$8.314\,\mathrm{kJ/(kmol\cdot K)}$
气体标准比容	V_0	$22.413\,6\,\mathrm{m^3/kmol}$
阿伏伽德罗常数	N	$6.022\,96\times10^{23}/\mathrm{mol}$
斯-玻耳兹曼常数	σ	$5.669\times10^{-8}\,\mathrm{W/(m^2\cdot K^4)}$
光速(真空中)	c	$2.997\,630\times10^{8}\,\mathrm{m/s}$

附录E　生物工程单元操作实验中的常用数据表

E.1　水的物理性质

温度 T/℃	压力 $p\times10^{-5}$/Pa	密度 ρ/(kg/m^3)	热含量/(J/kg)	比热容 $c_p\times10^{-3}$/[J/(kg·K)]	导热系数 $\lambda\times10^2$/[W/(m·K)]	黏度 $\mu\times10^5$/(Pa·s)	运动黏度 $\gamma\times10^2$/(m^2/s)	体积膨胀系数 $\beta\times10^4$/(1/K)	表面张力 $\sigma\times10^3$/(N/m)	普兰特数 Pr
0	0.006	999.9	0	4.212	55.08	178.78	1.789	−0.63	75.61	13.66
10	0.01	999.7	42.04	4.191	57.41	130.53	1.306	−0.70	74.14	9.52
20	0.02	998.2	83.90	4.183	59.85	100.42	1.006	1.82	72.67	7.01
30	0.04	995.7	125.69	4.174	61.71	80.12	0.805	3.21	71.20	5.42
40	0.07	992.2	165.71	4.174	63.33	65.32	0.659	3.87	69.63	4.30
50	0.12	988.1	200.30	4.174	64.73	54.92	0.556	4.49	67.67	3.54
60	0.20	983.2	211.12	4.178	65.89	46.98	0.478	5.11	66.20	2.98
70	0.31	977.8	292.99	4.167	66.70	40.60	0.415	5.70	64.32	2.53
80	0.47	971.8	334.94	4.195	67.40	35.50	0.365	6.32	62.57	2.21
90	0.70	965.3	376.38	4.208	67.98	31.48	0.326	6.95	60.71	1.95
100	1.01	958.4	419.19	4.220	68.21	28.24	0.295	7.52	58.84	1.75
110	1.43	951.6	461.34	4.233	68.44	25.89	0.272	8.08	56.88	1.60
120	1.99	943.1	503.67	4.250	68.56	23.73	0.252	8.64	54.82	1.47
130	2.70	934.9	546.38	4.266	68.56	21.77	0.233	9.17	52.86	1.35
140	3.62	926.1	589.08	4.287	68.44	20.10	0.217	9.72	50.70	1.26

E.2　干空气的物理性质

温度 T/℃	密度 ρ/(kg/m^3)	比热容 $c_p\times10^{-3}$/[J/(kg·K)]	导热系数 $\lambda\times10^2$/[W/(m·K)]	黏度 $\mu\times10^5$/(Pa·s)	运动黏度 $\gamma\times10^2$/(m^2/s)	普兰特数 Pr
−10	1.342	1.009	2.359	1.67	12.43	0.714
0	1.293	1.005	2.440	1.721	13.28	0.708
10	1.247	1.005	2.510	1.77	14.16	0.708
20	1.205	1.005	2.591	1.81	15.06	0.686
30	1.165	1.005	2.673	1.86	16.00	0.701
40	1.128	1.005	2.754	1.91	16.96	0.696
50	1.093	1.005	2.824	1.96	17.95	0.697
60	1.060	1.005	2.893	2.01	18.97	0.698

E. 3 常压下乙醇-正丙醇的气液平衡数据

温度/℃	液相中乙醇的摩尔分数/%	气相中乙醇的摩尔分数/%
97. 6	0	0
93. 85	0. 126	0. 24
92. 66	0. 188	0. 318
91. 6	0. 21	0. 349
88. 32	0. 358	0. 55
86. 25	0. 461	0. 65
84. 98	0. 546	0. 711
84. 13	0. 6	0. 76
83. 06	0. 663	0. 799
80. 5	0. 884	0. 914
78. 38	1	1

E. 4 不同温度下二氧化碳在水中的亨利系数

温度/℃	亨利系数$\times 10^{-5}$/kPa
0	0. 738
5	0. 888
10	1. 05
15	1. 24
20	1. 44
25	1. 66
30	1. 88
35	2. 12
40	2. 36
45	2. 60
50	2. 87

参 考 文 献

[1] DRIOLI E, GIORNO L. 分子分离过程中的膜操作[M]. 北京:科学出版社,2012.
[2] 常景玲. 生物工程实验技术[M]. 北京:科学出版社,2012.
[3] 陈敏恒,丛德滋,方图南,等. 化工原理[M]. 第4版. 北京:化学工业出版社,2015.
[4] 陈忧先. 化工测量与仪表[M]. 第3版. 北京:化学工业出版社,2010.
[5] 程远贵,曹丽淑. 化工原理实验[M]. 成都:四川大学出版社,2011.
[6] 戴干策. 传递现象导论[M]. 第2版. 北京:化学工业出版社,2011.
[7] 邓修,吴俊生. 化工分离工程[M]. 第2版. 北京:科学出版社,2013.
[8] 丁海燕. 化工原理实验[M]. 修订版. 青岛:中国海洋大学出版社,2013.
[9] 杜维. 过程检测技术及仪表[M]. 第2版. 北京:化学工业出版社,2010.
[10] 贺小贤. 生物工艺原理[M]. 2版. 北京:化学工业出版社,2010.
[11] 蒋维钧,戴猷元,顾惠君. 化工原理[M]. 第3版. 北京:清华大学出版社,2009.
[12] 柯德森. 生物工程下游技术实验手册[M]. 北京:科学出版社,2010.
[13] 刘叶青. 生物分离工程实验[M]. 第2版. 北京:高等教育出版社,2014.
[14] 吕维忠,刘波,罗仲宽,等. 化工原理实验技术[M]. 北京:化学工业出版社,2009.
[15] 罗运柏. 化工分离:原理、技术、设备、实例[M]. 北京:化学工业出版社,2013.
[16] 马江权,魏科年,韶晖,等. 化工原理实验[M]. 第2版. 上海:华东理工大学出版社,2011.
[17] 邱立友. 发酵工程与设备实验[M]. 北京:中国农业出版社,2008.
[18] 汝绍刚. 化工原理实验[M]. 第2版. 北京:化学工业出版社,2012.
[19] 尚小琴. 化工原理实验[M]. 北京:化学工业出版社,2011.
[20] 苏彦勋. 流量计量与测试[M]. 第2版. 北京:中国计量出版社,2007.
[21] 孙彦. 生物分离工程[M]. 第3版. 北京:化学工业出版社,2013.
[22] 谭天恩,窦梅. 化工原理[M]. 第4版. 北京:化学工业出版社,2013.
[23] 王志魁. 化工原理[M]. 第5版. 北京:化学工业出版社,2018.
[24] 王湛,王志,高学理,等. 膜分离技术基础[M]. 北京:化学工业出版社,2019.
[25] 王魁汉. 温度测量实用技术[M]. 北京:机械工业出版社,2007.
[26] 杨涛,卢琴芳. 化工原理实验[M]. 北京:化学工业出版社,2011.
[27] 杨座国. 膜科学技术过程及原理[M]. 上海:华东理工大学出版社,2009.
[28] 杨忠华,左振宇. 生物工程专业实验[M]. 北京:化学工业出版社,2014.
[29] 杨祖荣. 化工原理实验[M]. 北京:化学工业出版社,2014.
[30] 姚玉英. 化工原理[M]. 修订版. 天津:天津科学技术出版社,2011.
[31] 叶铁林. 化工结晶过程原理及应用[M]. 第2版. 北京:北京工业大学出版社,2013.
[32] 余国华. 化工测量仪表:技术原理[M]. 北京:化学工业出版社,2009.
[33] 余传波,朱学军. 化工原理实验[M]. 北京:北京理工大学出版社,2019.
[34] 章茹,秦伍根,钟卓尔. 过程工程原理实验[M]. 北京:化学工业出版社,2019.
[35] 郑裕国,薛亚军. 生物工程设备[M]. 北京:化学工业出版社,2010.
[36] 朱家文,吴艳阳. 分离工程[M]. 北京:化学工业出版社,2019.